钳工工艺与技能训练

主　编　王沁军　田国胜
副主编　周　婷　赵　亮
主　审　周建民

北京理工大学出版社
BEIJING INSTITUTE OF TECHNOLOGY PRESS

内 容 简 介

本教材紧扣专业培养目标及课程教学目标，以钳工职业技能标准为依据，采用项目化形式编写，以 4 个典型项目为载体，在项目的选择上，从简到繁、从易到难地引导学生积极思考、相互交流，培养学生的实践技能，同时提高学生的自学能力、创新精神和合作意识。每个项目下又设计若干任务，在完成项目的具体任务过程中构建相关理论知识，并发展职业能力。在内容选取上，注意实例与知识点的链接，实现从学习内容的关注到对课程学习活动的关注，过程形成性评价与考核终结性评价相结合；立足高职"教、学、做"一体化，设计"三位一体"的教材构成，从"教什么、怎么教"，"学什么、怎么学"，"做什么、怎么做"三个问题出发，编写教材，使学生在获取知识、发展专业能力的同时，获得解决问题的能力，实现"教、学、做"一体化。

在内容编排上，打破学科逻辑的界线，抛弃呈现完整的学科体系的思路与想法，打破以知识传授为主要特征的传统学科教材编写模式，转变为以工作任务为中心组织课程内容，有效改变传统的教育方式。

图书在版编目（ＣＩＰ）数据

钳工工艺与技能训练／王沁军，田国胜主编. —北京：北京理工大学出版社，2023.7

ISBN 978-7-5763-2554-6

Ⅰ.①钳⋯　Ⅱ.①王⋯ ②田⋯　Ⅲ.①钳工-工艺学-教材　Ⅳ.①TG9

中国国家版本馆 CIP 数据核字（2023）第 123065 号

出版发行 / 北京理工大学出版社有限责任公司

社　　址 / 北京市海淀区中关村南大街 5 号

邮　　编 / 100081

电　　话 / （010）68914775（总编室）

　　　　　 （010）82562903（教材售后服务热线）

　　　　　 （010）68944723（其他图书服务热线）

网　　址 / http://www.bitpress.com.cn

经　　销 / 全国各地新华书店

印　　刷 / 涿州市京南印刷厂

开　　本 / 787 毫米×1092 毫米　1/16

印　　张 / 16.75　　　　　　　　　　　　　责任编辑 / 多海鹏

字　　数 / 354 千字　　　　　　　　　　　　文案编辑 / 多海鹏

版　　次 / 2023 年 7 月第 1 版　2023 年 7 月第 1 次印刷　　责任校对 / 周瑞红

定　　价 / 79.00 元　　　　　　　　　　　　责任印制 / 李志强

前　言

本书是应高职高专钳工理论和实训一体化教学需求而编写的，采用项目教学法，编写风格图文并茂，以图示为主，文字通俗易懂。

本书在编写过程中得到了中国兵器工业集团淮海工业集团周建民大师技能工作室的大力支持，对其中的主要内容提供了大量的指导性意见，并结合企业钳工岗位技能要求编写而成。

主要特点：

（1）以能力为本位，以就业为导向。

（2）理论知识以职业技能所依托的理论为主线，以必需和够用为原则。

（3）操作以图示意，图文结合。

（4）理论和实训一体化教材，缩短了理论和实践的距离，改善了学习效果，提高了学习效率。

教材编写过程中以项目为模块组织教材内容，打破了传统教材体系的章节框架局限。教材编制过程中明确项目任务及制定项目计划、实施计划、检查与评价的形式，改变了传统的授课模式与内容。

在内容编排上以职业能力的成长过程和认知规律为主线，教学项目利于学生复习巩固、拓展提高，即紧紧围绕职业能力目标的实现，以及职业岗位活动和实际工作流程来编写教材。项目设置以趣味性项目为主，以提高对学生的吸引力，让学生在以项目为载体设计的职业情境中完成整个工作过程。

本书参考了《钳工国家职业标准》，并在借鉴国外先进职业教育理念、模式的基础上，结合我国高职高专教育的实际情况，进行了适当的探索，注重理论联系实践，并充分体现了新时期职业教育的特色。

在编写过程中力求先进性、适用性、趣味性等，并结合工具钳工和模具钳工的特点，使读者由浅入深地学习钳工相关知识，能够达到举一反三、触类旁通的效果。

由于编者水平有限，书中难免存在缺漏，恳请读者批评指正。

编　者

目 录

项目一　小榔头的制作

　　某师傅在生产过程中发现缺少一把称手的小榔头，根据实际需要他设计了榔头的加工零件图，但考虑到机床生产较忙，而且只需要加工一把榔头，所以采用钳工的方法来完成。如图 1.1 所示，现在把任务安排给你，你能否通过手工操作来完成该小榔头的制作。

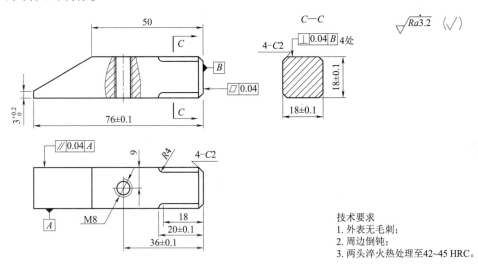

技术要求
1. 外表无毛刺；
2. 周边倒钝；
3. 两头淬火热处理至42~45 HRC。

图 1.1　小榔头零件图

培养目标

1. 知识目标
（1）掌握常用工、量具的使用方法；
（2）掌握一般的平面划线、锯削、锉削和錾削等平面加工基本方法；
（3）掌握钻孔、铰孔及螺纹加工方法；
（4）掌握钳工常用设备及工具的正确使用和维护；
（5）掌握简单手工制件的修配加工。

2. 能力目标
（1）着重掌握钳工加工基本技能，能按图进行基本的钳工加工；
（2）会识读专业范围内的一般机械图；
（3）能正确调试、维护及使用钳工的简单设备及常用工、量、夹具；
（4）了解钳工的基本操作方法。

3. 素质目标
（1）团队协作：能与人为善，能顾及他人想法，能通过团队协作完成任务；

（2）身心健康：具备积极的态度、强烈的责任心和浓厚的工作兴趣，有较好的社会角色适应性，行为举止符合职业特点和社会规范；

（3）交流沟通：能采取合适的方式方法与人交流，具有较好的亲和力；

（4）吃苦耐劳：通过手工加工与检测养成吃苦耐劳和精益求精的作风。

学习准备

零件图、加工工具、棒料、实训教材。

学习过程

根据实训要求完成表1.1中所列出学习活动对应的工作任务。

表1.1　任务点清单

序号	学习活动	考核点
1	阅读零件图，明确加工要求	加工工艺顺序
2	下料	锯削质量及任务完成情况
3	锉削长方体	锉削质量及任务完成情况
4	螺纹底孔的加工	孔加工质量及任务完成情况
5	攻、套螺纹	螺纹配合情况及任务完成情况
6	斜面加工	斜面加工质量及任务完成情况
7	倒圆、倒角	倒圆、倒角加工质量及任务完成情况
8	项目总结与评价	完成工作总结及评价

学习活动1　阅读零件图，明确加工要求

知识目标

（1）能正确识读零件图及加工工艺卡，明确加工步骤；

（2）了解钳工的一些安全文明生产知识。

技能目标

（1）能按照规定领取工作任务；

（2）能识读零件的轴测图和三视图，并说出小榔头的形状、尺寸、表面粗糙度、公差、材料等信息，指出各信息的意义；

（3）能抄画小榔头加工图样；

（4）能正确识读加工工艺卡，明确加工步骤；

（5）能说出 6S 管理规范的主要内容。

素质目标

（1）深刻理解精益求精的工匠精神；
（2）培养学生具备赶超时代的创新精神；
（3）培育学生正确的劳动价值观，强化劳动法律维权意识。

任务描述

学生在接受老师指定的工作任务后，了解工作场地的环境、设备管理要求，穿着符合劳保要求的服装，在老师的指导下读懂图纸，正确理解加工工艺步骤。

知识准备

一、钳工主要工作任务及分类

1. 钳工在机械制造中担任重要工作

（1）钳工工作贯穿机械制造全过程，用于完成各工序间的划线、检验和修整等；
（2）机械零件加工中不便使用机床的都要钳工手工完成；
（3）机械的装配、调整均由钳工完成。

钳工必须掌握的基本操作技能：划线、錾削、锉削、锯割、钻孔、锪孔、铰孔、攻螺纹和套螺纹、刮削、研磨以及基本测量技能和简单的热处理方法。

2. 钳工的分类

1）装配钳工

装配钳工是把零件按机械设备的装配技术要求进行组件、部件装配和总装配，并经过调整、检验和试车等，使之成为合格的机械设备的工种。

2）机修钳工

机修钳工是使用钳工工具或设备，按技术要求对工件进行加工、修整和装配的工种。

3）工具钳工

工具钳工是操作钳工工具、钻床等设备，进行刃具、量具、模具、夹具、索具、辅具等（统称工具，亦称工艺装备）的零件加工和修整，组合装配、调试与修理的人员。

二、钳工工作场地

钳工工作场地是指钳工固定的工作地点，为了方便实习指导，钳工工作场地的布局应该合理并符合安全文明生产的要求，图 1.2 所示为山西机电职业技术学院钳工实训室。

（1）布局合理。

图 1.2　钳工实训室

（2）材料与工件分放。
（3）工、量具合理摆放。
（4）实习场地应保持整洁。

三、钳工常用工具

1. 钳工工作台

钳工工作台也称为钳台，有单人用和多人用两种，一般用木材或钢材做成，要求平稳、结实，其高度为 800～900 mm，长和宽依照工作需要而定。钳口高度恰好齐人手肘为宜，如图 1.3 所示。钳台上必须装防护网，其抽屉用来放置工、量用具。

2. 台虎钳

台虎钳是用来夹持各种工件的通用夹具，它有固定式和回转式两种，如图 1.4 所示。台虎钳的规格以钳口宽度表示，常用的有 100 mm、125 mm、150 mm 等。

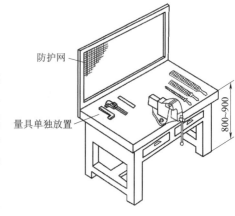

防护网

量具单独放置

800～900

图 1.3　钳工工作台

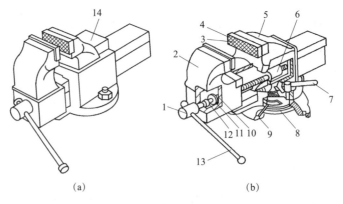

（a）　　　　　　　　　　（b）

图 1.4　台虎钳

（a）固定式台虎钳；（b）回转式台虎钳

1—丝杠；2—活动钳身；3—螺钉；4—钢质钳口；5—固定钳身；6—丝杆螺母；

7，13—手柄；8—夹紧盘；9—转座；10—销钉；11—挡圈；12—弹簧；14—砧板

使用台虎钳的注意事项：

（1）夹紧工件要松紧适当，只能用手扳紧手柄，不得借助于其他工具加力；

（2）强力作业时，应尽量使力朝向固定钳身；

（3）不许在活动钳身和光滑平面上敲击作业；

（4）对台虎钳内的丝杠、螺母等活动表面应经常清洗、润滑，以防生锈。

3. 砂轮机

砂轮机是用来刃磨各种刀具、工具的钳工常用设备，也可用来磨去工件或材料上的毛刺、锐边等，如图 1.5 所示。

图 1.5　砂轮机

砂轮的质地较脆，工作时转速又高，使用时用力不当会发生砂轮碎裂和人身事故，因此装砂轮时一定要使砂轮平衡，使砂轮在转动时没有振动，使用时要严格遵守安全操作规程（见附件二）。

4. 钻床

钻床是用来对工件进行孔加工的设备，在实训过程中，常见的钻床包括台式钻床、立式钻床和摇臂钻床，如图 1.6 所示。

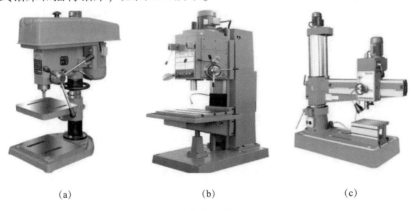

(a)　　　　　　　　　　(b)　　　　　　　　　　(c)

图 1.6　钻床

（a）台式钻床；（b）立式钻床；（c）摇臂钻床

台式钻床是一种小型钻床，其结构简单、操作方便，用来钻、扩直径在 $\phi13$ mm 以下的孔，适用于加工小型工件。

立式钻床是一种中型钻床，按最大钻孔直径区分，有 $\phi25$ mm、$\phi35$ mm、$\phi40$ mm、$\phi50$ mm 等规格，适用于钻孔、扩孔、铰孔和攻螺纹等加工。

摇臂钻床是一种大型钻床，适用于对笨重的大型、复杂工件及多孔工件的加工。

四、安全文明生产和实训纪律

实训时，由于场地分散、环境嘈杂，严格遵守安全文明生产和实训纪律尤其重要。

（1）按时上课，不得迟到、早退、旷课，请假要有批准手续。

（2）按要求穿戴好防护用品，时刻注意安全，防止碰撞、刮擦等人身伤害。

（3）认真训练，不得嬉戏、打闹和离岗，按时完成课题作业。

（4）未经安排，不准私自加工非课题规定的工件。

（5）爱护设备设施，不准擅自使用不熟悉的机床设备。

（6）保管好工、夹、量具，使用时应放在指定位置，严禁乱堆乱放。

（7）保持场地清洁，自觉积极打扫卫生。

（8）工作中一定要严格遵守钳工各项安全操作规程。

一、任务分析

本任务主要要求学生熟悉工作场地的环境、设备管理要求，穿着符合劳保要求的服装，在老师的指导下，读懂图纸，分析出加工工艺步骤。

二、任务准备

设备、材料及工、量具准备清单，见表1.2。

表1.2 设备、材料及工、量具准备清单

序号	类型	名称	规格	数量	备注
1	设备	台虎钳	150 mm	1	
2		台钻	—	1	
3		平板	—	1	
4		方箱	—	1	
5		砂轮机	—	1	
6	材料	$\phi25$ mm×80 mm 棒料	45 钢	1	

续表

序号	类型	名称	规格	数量	备注
7	量具	卡尺	200 mm	1	
8		千分尺	各规格	1	
9		塞尺	0.02~1 mm	1	
10		万能角度尺	0°~320°		
11		高度尺	0~300 mm	1	
12		刀口角尺	100 mm×63 mm	1	
13		直角尺	125 mm	1	0级
14	工具	锉刀	各规格	若干	根据任务选择
15		锯弓	300 mm	1	
16		毛刷	—	—	
17		样冲	—	1	
18		划针	—	1	
19		软钳口	—	1	
20		护目镜	—	1	

三、任务实施要点及注意事项

（1）熟悉实训现场，清点、检查实训工具；
（2）了解实训管理制度；
（3）严格按照任务要求，完成指定工作。

四、任务评价

学生根据任务要求完成任务后，教师根据任务实施过程及完成情况按照表 1.3 所示任务评价表进行评价。

表 1.3 任务评价表

序号	考评内容	分值	评分标准	得分	扣分原因
1	劳保用品穿戴整齐，着装符合要求	10	穿着不符合要求扣10分		
2	及时完成老师布置的任务	20	未完成扣20分		
3	任务点完成情况	20	未完成扣20分		
4	与同学之间能相互合作	20	酌情扣分		
5	能严格遵守作息时间	20	酌情扣分		
6	安全文明操作	10	违章操作扣10分		
总分					

工作任务单

一、阅读完成生产任务单

根据任务完成任务单表1的填写，明确工作任务，并完成下列问题。

任务单表1　小榔头加工任务单

开单部门：＿＿＿＿＿　任课教师：＿＿＿＿＿　开单时间：＿＿＿＿＿ 姓　　名：＿＿＿＿＿　班　　级：＿＿＿＿＿　学　　号：＿＿＿＿＿				
以下由指导教师填写				
序号	产品名称	材料	数量	技术标准、质量要求
1	小榔头	45钢		按图样要求
任务细则	（1）到仓库领取相应的材料。 （2）根据现场情况选用合适的工、量具和设备。 （3）根据加工工艺进行加工，交付检验。 （4）填写生产任务单，清理工作场地，完成工、量具及设备的维修和保养			
任务类型			完成工时	
以下由学生本人和指导教师填写				
领取材料			实训室管理员（签名）	
领取工量具				年　　月　　日
完成质量 （小组评价）			班长（签名）	年　　月　　日
用户意见 （教师评价）			用户（签名）	年　　月　　日
改进措施 （反馈改良）				

注：生产任务单与零件图样、工艺卡一起领取。

（1）请根据生产任务单，明确零件名称、制作材料、零件数量和完成时间。

零件名称：＿＿＿＿＿＿＿；制作材料：＿＿＿＿＿＿＿；

零件数量：＿＿＿＿＿＿＿；完成时间：＿＿＿＿＿＿＿。

（2）按照填写好的生产任务单（或领料单），分小组从指导老师处领取毛坯和相应的辅具，并检查是否能用和够用。

答：＿＿＿＿＿＿＿＿＿＿＿＿＿＿＿＿＿＿＿＿＿＿＿＿＿＿＿＿＿＿＿＿＿。

（3）你的钳工桌上，毛坯、工具与量具的收藏和摆放符合 6S 现场管理规范吗？你是否正在养成好习惯？试谈一谈为什么合理摆放工、量具有助于提高工作效率。

答：＿＿＿＿＿＿＿＿＿＿＿＿＿＿＿＿＿＿＿＿＿＿＿＿＿＿＿＿＿＿

＿＿＿＿＿＿＿＿＿＿＿＿＿＿＿＿＿＿＿＿＿＿＿＿＿＿＿＿＿＿＿＿。

（4）查询资料或咨询老师，明确小榔头的用途。

答：＿＿＿＿＿＿＿＿＿＿＿＿＿＿＿＿＿＿＿＿＿＿＿＿＿＿＿＿＿。

（5）用于制作小榔头的材料应具有怎样的性能才能满足榔头的功能要求？

答：＿＿＿＿＿＿＿＿＿＿＿＿＿＿＿＿＿＿＿＿＿＿＿＿＿＿＿＿＿。

（6）6S 管理规范的主要内容是什么？

答：＿＿＿＿＿＿＿＿＿＿＿＿＿＿＿＿＿＿＿＿＿＿＿＿＿＿＿＿＿＿

＿＿＿＿＿＿＿＿＿＿＿＿＿＿＿＿＿＿＿＿＿＿＿＿＿＿＿＿＿＿＿＿。

二、分析零件图样，明确加工技术要求

分析所给小榔头零件图，回答以下问题：

（1）在小榔头零件图中，采用了粗实线、细实线、点画线等线型，其分别用于表达什么信息？

答：＿＿＿＿＿＿＿＿＿＿＿＿＿＿＿＿＿＿＿＿＿＿＿＿＿＿＿＿＿＿

＿＿＿＿＿＿＿＿＿＿＿＿＿＿＿＿＿＿＿＿＿＿＿＿＿＿＿＿＿＿＿＿。

（2）小榔头的零件图使用了几个视图来表达零件的几何特性？各视图分别重点表达了小榔头的哪些几何特性？

答：＿＿＿＿＿＿＿＿＿＿＿＿＿＿＿＿＿＿＿＿＿＿＿＿＿＿＿＿＿＿

＿＿＿＿＿＿＿＿＿＿＿＿＿＿＿＿＿＿＿＿＿＿＿＿＿＿＿＿＿＿＿＿。

（3）仔细观察小榔头零件图的主、俯、右视图，查询相关手册或资料，写出三视图有关长、宽、高的投影规律。

答：＿＿＿＿＿＿＿＿＿＿＿＿＿＿＿＿＿＿＿＿＿＿＿＿＿＿＿＿＿。

（4）想一想，零件图中小榔头三视图的主要作用是什么？

答：＿＿＿＿＿＿＿＿＿＿＿＿＿＿＿＿＿＿＿＿＿＿＿＿＿＿＿＿＿。

（5）4-$R4$ 的尺寸标注表示什么含义？

答：＿＿＿＿＿＿＿＿＿＿＿＿＿＿＿＿＿＿＿＿＿＿＿＿＿＿＿＿＿。

（6）图样中 4-$C2$ 的尺寸标注表示什么含义？

答：＿＿＿＿＿＿＿＿＿＿＿＿＿＿＿＿＿＿＿＿＿＿＿＿＿＿＿＿＿。

（7）在图样中，尺寸 18 ± 0.1 的上下极限尺寸为多少？这样标注尺寸的意义是什么？

答：定义：

轴：＿＿＿＿＿＿＿＿＿＿＿＿＿＿＿＿＿＿＿＿＿＿＿＿＿＿＿＿＿。

孔：＿＿＿＿＿＿＿＿＿＿＿＿＿＿＿＿＿＿＿＿＿＿＿＿＿＿＿＿＿。

基本尺寸：＿＿＿＿＿＿＿＿＿＿＿＿＿＿＿＿＿＿＿＿＿＿＿＿＿＿。

极限尺寸：＿＿＿＿＿＿＿＿＿＿＿＿＿＿＿＿＿＿＿＿＿＿＿＿＿＿。

最大极限尺寸（上极限尺寸）：＿＿＿＿＿＿＿＿＿＿＿＿＿＿＿＿＿。

最小极限尺寸（下极限尺寸）：_____。

极限偏差：_____。

上偏差：_____。

下偏差：_____。

意义：_____。

18±0.1

上极限尺寸：_____。

下极限尺寸：_____。

（8）图样中尺寸 18±0.1 的公差是多少？

答：公差（T）：_____。

（9）图样中的符号 $\boxed{\overline{A}}$、$\boxed{B}$ 表示设计时在图样上所选定的基准，称为设计基准。试查阅相关手册说出其中任意一处基准符号所代表的意义。

答：_____。

（10）图样中除包含基本的尺寸信息外，还包含了平行度、平面度、垂直度等形状位置信息，请查阅相关手册，说明下列代号的具体含义。

① $\boxed{//\,|0.04|B}$ 表示：_____。

② $\boxed{\perp\,|0.04|A}$ 表示：_____。

③ $\boxed{\square\,|0.04}$ 表示：_____。

（11）请将小榔头的主要加工尺寸和几何公差要求填写在任务单表 2 中。

任务单表 2　主要加工尺寸和几何公差

序号	项目	技术要求
1		
2		
3		
4		
5		
6		
7		
8		
9		
10		
11		
12		
13		
14		
15		

三、分析加工工艺卡

阅读任务单表 3 所示加工工艺卡，并完成相关问题。

任务单表 3　小榔头加工工艺卡

×××学院		加工工艺卡		产品名称	小榔头		
材料种类	45 钢	材料成分		毛坯尺寸	φ25 mm×80 mm 棒料	共	页
工序	工序名称	工序内容		工具		计划工时	实际工时
1	下料	根据图纸尺寸确定下料毛坯尺寸		锯弓、钢直尺、划针等			
2	锉削 4 个大面及端面	按照图纸要求，加工 4 个大面及端面，并满足必要的技术要求		锉刀、高度游标卡尺、游标卡尺、刀口角尺、刀口直尺、粗糙度样板等			
3	螺纹底孔的加工	加工 M8 螺纹孔的底孔		划针、样冲、台钻、φ6.8 mm 钻头等			
4	攻、套螺纹	完成内外螺纹的加工		M8 丝锥、丝锥铰杠、圆板牙、板牙架等			
5	斜面加工	按图样要求用锯削方式去除余料，并留一定的锉削加工余量，利用锉刀加工锯削表面，并保证总体尺寸		划针、钢直尺、刀口尺、锯弓及锉刀等			
6	倒圆、倒角	按照图样要求利用圆锉和板锉分别加工倒角、倒圆；用砂纸进行抛光		圆锉、板锉、半径规等			
7	热处理（课外拓展项目）	淬火（热处理车间）		淬火钳、冷却液			
更改号			拟定	校正		审核	批准
更改者							
日期							

1. 加工步骤的确定与分析

（1）请对照加工工艺卡，说明小榔头加工工艺卡中的工序名称及对应工序内容，明确加工步骤。

答：＿＿＿＿＿＿＿＿＿＿＿＿＿＿＿＿＿＿＿＿＿＿＿＿＿＿＿＿＿＿＿＿＿＿＿

＿＿＿＿＿＿＿＿＿＿＿＿＿＿＿＿＿＿＿＿＿＿＿＿＿＿＿＿＿＿＿＿＿＿＿。

（2）工艺卡中的工序 2 是锉削长方体的 4 个大面，即选定基准面，依次锉削基准面、基准面的对面和基准面的两个邻面，你知道为什么在加工前先选择加工基准吗？应如何选择加工基准？

答：_____

_____○

（3）锉削长方体的 4 个大面时，要求尽可能最大限度地留有加工余量，并尽量使基本尺寸保持最大，如此要求的目的是什么？

答：_____

_____○

（4）为什么要在加工前进行划线？划线的具体步骤是什么？

答：_____

_____○

（5）仔细阅读工艺卡，写出工序 5（斜面加工）的划线基准，简要分析如此选择的原因，并查询资料总结出划线基准的确定原则。

答：_____

_____○

（6）划线前总是要先进行找正，这是为什么？找正时应注意哪些问题？

答：_____○

注意的问题：_____

_____○

2. 分析工艺卡，明确需要用到的工具

（1）阅读工艺卡，确定小榔头制作需要用到的工具和辅具，并填写任务单表 4。将需要领取的工具填写到生产任务单的相应位置，并画出工艺卡中各工序内容对应的工序简图。

任务单表 4　工序同所用工具对应表

序号	工序名称	所需工、量具	用途	工序简图
1				
2				
3				
4				

续表

序号	工序名称	所需工、量具	用途	工序简图
5				
6				
7				
8				

学习活动 2　下　　料

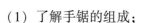

知识目标

（1）了解手锯的组成；

（2）掌握常用锯条的规格及使用注意事项；

（3）掌握锯削特点及注意事项；

（4）掌握有关锯削废品产生的原因。

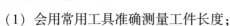

技能目标

（1）会用常用工具准确测量工件长度；

（2）能根据不同材料正确选用锯条，并能安装；

（3）能够熟练锯削姿势和方法，并达到一定的锯削精度；

（4）能够对锯削废品进行分析并减少产生。

素质目标

（1）强化管理，培养职业素养；

（2）安全文明创作；

（3）量变产生质量哲学思维。

图 1.7 所示为圆棒料加工的图样，加工后尺寸为 $\phi25$ mm×（80±1）mm。本次任务将选择合适的加工工具和量具对圆钢进行手工加工，并达到图 1.7 所示的要求。在加工过程中将初步接触到划线、锯削等钳工基本技能，加工中要注意工、量具的正确使用。

图 1.7 下料棒料图样

一、钢直尺

钢直尺是最简单的长度量具，它的长度有 15 cm、30 cm、50 cm 和 100 cm 四种规格。

二、加工工具的选择

用手锯锯断金属材料或在工件上锯出沟槽的操作称为锯削，适用于较小材料或工件加工，主要用于分割各种材料或半成品，锯掉工件上的多余部分或在工件上锯槽。在该任务中我们将学习如何利用锯弓完成锯削加工。

手锯由锯弓和锯条构成，锯弓有可调式和固定式两种。

1. 锯弓

锯弓是用来安装锯条的，有固定式 ［见图 1.8 （a）］ 和可调式 ［见图 1.8 （b）］ 两种。固定式锯弓只能安装一种长度的锯条，而可调式锯弓通过调节可以安装几种长度的锯条，并且可调式锯弓的锯柄形状便于用力，所以目前被广泛使用。

锯弓两端都装有夹头，与锯弓的方孔配合，一端是固定的，一端为活动的。当锯条装在两端夹头的销子上后，旋紧活动夹头上的翼形螺母就可以把锯条拉紧。

2. 锯条

锯条一般用渗碳软钢冷轧而成，也有的用碳素工具钢或合金钢制成，并经热处理淬硬。锯条长度是以两端安装孔的中心距来表示的，常用的为 300 mm。通常将锯齿制成左右交叉的错齿形式。

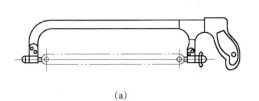

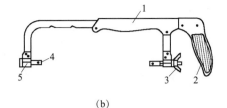

图 1.8　锯弓

（a）固定式；（b）可调式

1—锯弓；2—手柄；3—翼形螺母；4—夹头；5—方形导管

1）锯路

锯条（手用锯条）一般是 300 mm 长的单向齿锯条。锯削时，锯入工件越深，锯缝两边对锯条的摩擦阻力就越大，严重时将把锯条夹住。为了避免锯条在锯缝中被夹住，锯齿均有规律地向左右扳斜，使锯齿形成波浪形或交错形的排列，一般称为锯路，如图 1.9 所示。各个齿的作用相当于一排同样形状的錾子，每个齿都起到切削的作用，如图 1.10 所示，一般前角 γ_0 是 0°，后角 α_0 是 40°，楔角 β_0 是 50°。

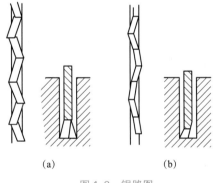

图 1.9　锯路图

（a）交叉形；（b）波浪形

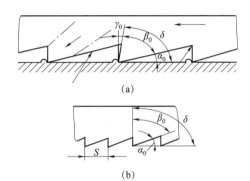

图 1.10　锯齿的切削角度

（a）锯齿的切削角度和运动方向；

（b）锯齿的切削角度和齿距

2）锯齿规格

锯齿的粗细规格是以锯条每 25 mm 长度内的齿数来表示的，锯齿的规格及应用如表 1.4 所示。

表 1.4　锯齿的规格及应用

锯齿规格	锯齿齿数/25 mm	应用
粗	14~18	锯削软钢、黄铜、铝、铸铁、紫铜、人造胶质材料
中	22~24	锯削中等硬度钢、厚壁钢管、铜管
细	32	薄片金属、薄壁管材
细变中	32~20	易于起锯

通常粗齿锯条齿距大、容屑空隙大，适用于锯削软材料或较大切面。因为这种

情况每锯削一次的切屑较多，只有大容屑槽才不会堵塞而影响锯削效率。

锯削较硬材料或切面较小的工件应该用细齿锯条。因为硬材料不易锯入，故每锯削一次切屑较少，不易堵塞容屑槽。细齿锯同时参加切削的齿数增多，可使每齿担负的锯削量小，锯削阻力小，材料易于切除，且推锯省力，锯齿也不易磨损。

锯削管子和薄板时，必须用细齿锯条，否则会因齿距大于板厚使锯齿被钩住而崩断。在锯削工件时，截面上至少要有两个以上的锯齿同时参加锯削，才能避免被钩住而崩断的现象。

3. 安装

（1）锯条安装应使齿尖的方向朝前，如图 1.11 所示。

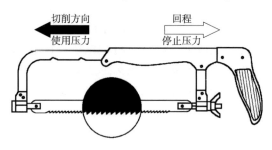

切削方向　　　　　回程
使用压力　　　　　停止压力

图 1.11　锯条的安装

（2）蝶形螺母旋紧适度，用手扳锯条，感觉硬实即可，且保证锯条平面与锯弓中心平面平行，不得倾斜和扭曲。

4. 手锯握法

手锯握法为右手满握锯柄，左手轻扶在锯弓前端，如图 1.12 所示。

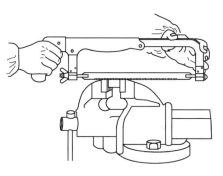

图 1.12　手锯握法

三、锯削方法

1. 工件的划线及装夹

进行锯削时，一定要先划线，然后按划线进行锯削。为提高锯削精度，应贴着所划线条进行锯削，而不应将所划线条锯掉。

工件一般应夹在台虎钳的左侧，以便操作。锯缝线要与钳口侧面保持平行（使锯缝线与铅垂线方向一致），以便于控制锯缝不偏离划线线条。工件伸出钳口不应过长（应使锯缝离开钳口侧面约 20 mm），以防止工件在锯削时产生振动。

锯削时，工件夹紧要牢靠，同时要避免将工件夹变形或夹坏已加工面。

2. 锯削姿势

锯削时，夹持工件的台虎钳高度要适合锯削时的用力需要，即从操作者的下颚到钳口的距离以一拳一肘的高度为宜。人站在台虎钳的左斜侧，两脚互成一定的角度，左脚跨前半步在锯弓轴线左侧倾斜 30°，右脚前脚掌压在锯弓轴心线上，倾斜 75°，两脚呈 45°，左膝处略有弯曲，整个身体保持自然，如图 1.13 所示。

锯削时右腿伸直，左腿弯曲，身体向前倾斜，重心落在左脚上，两脚站稳不动，靠左膝的屈伸使身体做往复摆动，即在起锯时，身体稍向前倾，与竖直方向约成10°，此时右肘尽量向后收，如图 1.14（a）所示。随着推锯的行程增大，身体逐渐向前倾斜，身体倾斜约 15°左右，如图 1.14（b）所示。当行程达 2/3 时，身体倾斜约 18°，左、右臂均向前伸出，如图 1.14（c）所示。当锯削最后 1/3 行程时，用手腕推进锯弓，身体随着锯的反作用力退回到 15°位置，如图 1.14（d）所示。锯削行程结束后，取消压力，将手和身体都退回到最初位置。

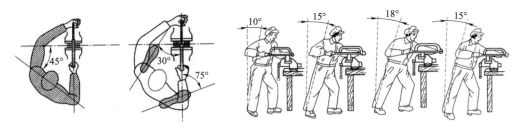

图 1.13　锯削站立和步位示意图　　　　图 1.14　锯削站立姿势

3. 锯削

1）起锯

起锯有远起锯和近起锯两种，如图 1.15 所示，在实际操作中较多采用远起锯。起锯时压力要轻，行程要短，压力要小，速度要慢。

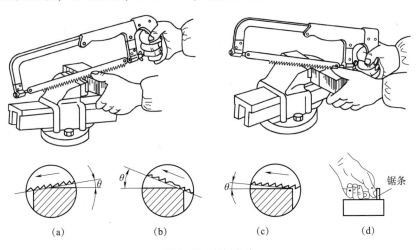

图 1.15　起锯方式

起锯时，用左手的拇指挡住锯条，起导向作用，起锯角 θ 在 15°左右。如果起锯角度太大，尤其是近起锯时锯齿会被工件棱边卡住而引起锯齿崩裂。但起锯角度也不宜太小，否则不易切入材料。

无论采用哪一种起锯方法，起锯角度 θ 都要小些，一般不大于 15°，如图 1.15（a）所示。如果起锯角太大，锯齿易被工件的棱边卡住，如图 1.15（b）所示。但起锯角 θ 太小，会由于同时与工件接触的齿数多而不易切入材料，锯条还可能打滑，使锯缝发生偏离，工件表面被拉出多道锯痕而影响表面质量，如图 1.15（c）所示。起锯时压力要轻，为了使起锯平稳、位置准确，可用左手大拇指确定锯条位置，如图 1.15（d）所示。起锯时要压力小、行程短。

2）锯削

右手主要控制推力和压力，左手配合右手扶正锯弓，并适当加压。手锯推出时为切削行程，应施加压力；回程时不可加压，并将锯弓稍微抬起，以减少锯齿的磨损，如图 1.11 所示。

4. 常见材料不同的锯削方式

1）棒料

锯割圆钢时，为了得到整齐的锯缝，应从起锯开始以一个方向锯至结束。如果对断面要求不高，则可逐渐变更起锯方向，以减少抗力，便于切入。

2）管子

锯割圆管时，一般把圆管水平地夹持在虎钳内，对于薄管或精加工过的管子，应夹在木垫之间。锯割管子不宜从一个方向锯到底，应先在一个方向锯到管子内壁处，然后把管子向推锯的方向转一个角度，并连接原锯缝再锯到管子的内壁处，如此逐渐改变方向不断转锯，直至锯断为止。如图 1.16 所示。

3）薄板料

锯割薄板时，为了防止工件产生振动和变形，可用木板夹住薄板两侧进行锯割，如图 1.17 所示。

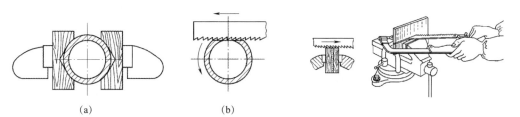

(a)   (b)

图 1.16　管子的夹持和锯削　　　　　　图 1.17　薄板料锯削方法

(a) 管子的夹持；(b) 转位锯削

4）深缝锯削

当锯缝的深度大于锯弓的有效高度时，可以采用锯条转位夹持的方法进行深缝的锯削，常用的有 90°和 180°转位安装锯条的方法，如图 1.18 所示。

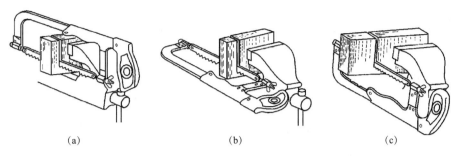

| (a) | (b) | (c) |

图 1.18　深缝锯削

（a）锯缝深度超过锯弓有效高度；（b）把锯条转过 90°；（c）把锯条转 180°

任务实施

一、任务分析

本任务主要是利用锯削加工完成毛坯料的准备，教师介绍不同手锯的使用方法和加工范围，使学生了解锯弓和锯条的结构，通过练习学会利用手锯进行正确的锯削操作，达到技术要求，同时培养学生吃苦耐劳、团结协作的精神。

从零件图可以看出零件总长是 76 mm，锯削加工过程中选择 ϕ25 mm 的棒料进行加工，划线尺寸为 80 mm。

二、任务准备

设备、材料及工、量具准备清单见表 1.5。

表 1.5　设备、材料及工、量具准备清单

序号	类型	名称	规格	数量	备注
1	设备	台虎钳	150 mm	1	
2		台钻	ZB512	1	
3		平板	2 000 mm×15 000 mm	1	
4		方箱	300 mm×300 mm×300 mm	1	
5		砂轮机	M3030	1	
6	材料	ϕ25 80±1 备料图	Q235	1	
7	量具	卡尺	200 mm	1	
8		钢直尺	300 mm	1	

续表

序号	类型	名称	规格	数量	备注
9	工具	锉刀	各规格	若干	根据任务选择
10		锯弓	300 mm	1	
11		毛刷	—	—	
12		软钳口	—	1	
13		护目镜	—	1	

三、加工步骤

（1）将圆棒料夹持在平口钳上。

（2）用钢直尺在圆棒料外圆表面上间隔 80 mm 划线。

（3）下料，保证长度尺寸（80±1）mm。

（4）检测。

四、任务实施要点及注意事项

（1）注意起锯方法、起锯角度的正确性，以免锯条损坏。

（2）锯割速度不要过快，否则锯条容易磨钝。

（3）锯弓摆动幅度不要过大，姿势要自然。

（4）要适时注意锯缝的平直情况，及时借正。

（5）在锯割钢件时，可加些机油对锯条进行冷却润滑。

（6）锯割完毕，应将锯弓上张紧螺母适当放松并妥善放好。

五、任务评价

学生根据任务要求完成任务后，教师根据任务实施过程及完成情况对结果按照表 1.6 进行评价。

表 1.6　任务评价表

下料					

$\phi 25$　80±1

		考评内容	分值	评分标准	得分	扣分原因
素养目标	1	强化管理，培养职业素养	5	现场表现		
	2	量变产生质量哲学思维	5	现场表现		

	考评内容		分值	评分标准	得分	扣分原因
操作要点	3	锯条的正确更换与安装	10	安装错误扣10分		
	4	锯削时工件的夹持是否正确、合理	10	工件夹持不当扣20分		
	5	起锯方法和锯削方法	20	方法不当扣20分		
	6	锯削后端面是否平直、锯痕是否平整	20	按照平直度给分		
	7	工件误差不大于1 mm	20	尺寸超过误差扣20分		
安全文明操作	8	遵守安全操作规程,正确使用工、夹、量具,操作现场整洁	5	有一项不符合要求扣1分,扣完为止		
	9	安全用电,防火,无人身、设备损坏	5	因违规造成人身及设备损害,此项为0分		
总分						

工作任务单

任务实施

1. 选用锯条
思考:根据表1.4锯齿规格及应用所锯削材料应该选择哪种锯齿规格?

_____。

2. 锯条安装
锯条安装应使齿尖的方向_____。

3. 装夹毛坯料
工件尽量夹在虎口钳的左边。思考:同学们想一下为什么要夹在左边?

答:_____

_____。

4. 锯削加工
(1)手锯握法。

手锯握法为:_____

_____。

(2)姿势。

简述锯削操作:_____

_____。

（3）起锯常见分类有＿＿＿＿＿＿＿和＿＿＿＿＿＿两种。

各自特点：＿＿＿＿＿＿＿＿＿＿＿＿＿＿＿＿＿＿＿＿＿＿＿＿＿＿＿＿＿＿＿。

（4）锯削时两只手如何用力：＿＿＿＿＿＿＿＿＿＿＿＿＿＿＿＿＿＿＿＿

＿＿＿＿＿＿＿＿＿＿＿＿＿＿＿＿＿＿＿＿＿＿＿＿＿＿＿＿＿＿＿＿＿＿＿。

锯削过程中是否存在任务单表 1 中的问题？若存在，则分析是哪种原因所致。

任务单表 1　锯削常见缺陷及原因

缺陷形式	产生原因		
锯条折断 是□ 否□	1. 锯条选用不当或起锯角度不当	是□	否□
	2. 锯条装夹过紧或过松	是□	否□
	3. 工件未夹紧，锯削时工件有松动	是□	否□
	4. 锯削压力太大或推锯过猛	是□	否□
	5. 强行矫正歪斜锯缝或换上的新锯条在原锯缝中受卡	是□	否□
	6. 工件锯断时锯条撞击工件	是□	否□
锯齿崩裂 是□ 否□	1. 锯条装夹过紧	是□	否□
	2. 起锯角度太大	是□	否□
	3. 锯削中遇到材料组织缺陷，如杂质、砂眼等	是□	否□
锯缝歪斜 是□ 否□	1. 工件装夹不正	是□	否□
	2. 锯弓未扶正或用力歪斜，使锯条背偏离锯缝中心平面，而斜靠在锯削断面的一侧	是□	否□
	3. 锯削时双手操作不协调	是□	否□

5. 检测可能错在问题

测量锯削完成的毛配料的长度有效长度不应该小于 78 mm。

实际测量尺寸：＿＿＿＿＿＿＿＿＿＿　　教师签字：＿＿＿＿＿＿＿＿＿＿

6. 任务总结

根据所完成练习的情况，填写任务单表 2。

任务单表 2　任务总结表

序号	项目	内容
1	我学到的知识	1. 2.
2	还需要进一步提高的操作练习	1. 2.
3	存在疑问或者不懂的知识点	1. 2.
4	应该注意的问题	1. 2.

学习活动 3　锉削长方体

 知识目标

（1）掌握锉削的加工范围；
（2）了解锉刀的材料、组成和种类；
（3）掌握锉刀的规格及选用；
（4）通过榔头的锉削加工，掌握正确的锉削操作方法。

 技能目标

（1）掌握平面锉削时的站立姿势和动作；
（2）掌握锉削时两手用力的方法；
（3）根据平面的质量要求，能够合理地选择推锉、顺锉及交叉锉等锉削方法；
（4）掌握正确的锉削速度；
（5）具备正确锉削质量的检测能力；
（6）具备处理锉削加工中一般质量问题的能力。

 **素质目标**

（1）规范意识；
（2）不惧失败，大胆尝试；
（3）精益求精。

任务描述

图 1.19 所示为锉平面加工的图样，本次任务将选择合适的加工工具和量具对锯削完成的圆钢进行手工加工，并达到图样所示的要求。在加工过程中将初步接触到立体划线、锉削等钳工基本技能，加工中要注意工、量具的正确使用。

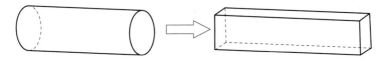

图 1.19　锉平面加工的图样

 知识准备

一、工量具准备

1. 游标卡尺

游标卡尺是一种中等精度的量具，常用游标卡尺的测量范围有 0 ~ 125 mm、

0~200 mm、0~500 mm 等。

游标卡尺的结构。游标尺卡由尺身（主尺）、游标（副尺）、固定量爪、活动量爪、止动螺钉等组成，精度有 0.1 mm、0.05 mm 和 0.02 mm 3 种，如图 1.20 所示。

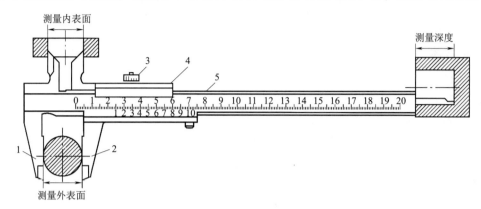

图 1.20　游标卡尺

1—固定量爪；2—活动量爪；3—止动螺钉；4—游标；5—尺身

［例 1］ 读取图 1.21 所示游标卡尺的准确读数。

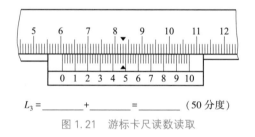

$L_3 = \underline{\hspace{2cm}} + \underline{\hspace{2cm}} = \underline{\hspace{2cm}}$ （50 分度）

图 1.21　游标卡尺读数读取

2. 外径千分尺（测量原理见超星资源）

外径千分尺是一种精密量具，其测量精度比游标卡尺高，且比较灵敏，如图 1.22 所示。千分尺的规格按测量范围来划分：测量范围在 500 mm 以内时，每 25 mm 为一挡，如 0~25 mm、25~50 mm 等；测量范围在 500~1 000 mm 时，每 100 mm 为一挡，如 500~600 mm、600~700 mm 等，规格太大的千分尺误差稍大。

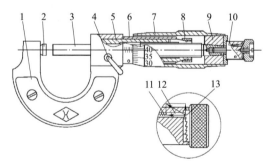

图 1.22　外径千分尺

1—尺架；2—砧座；3—测微螺杆；4—锁紧手柄；5—螺纹套；6—固定套管；7—微分筒；
8—螺母；9—接头；10—测力装置；11—弹簧；12—棘轮爪；13—棘轮

外径千分尺的制造精度分为 0 级、1 级和 2 级三种，0 级精度最高，2 级最差。

刻线原理：

固定套管上刻有主尺刻线，每格 0.5 mm。测微螺杆右端螺纹的螺距为 0.5 mm，当微分筒转动一周时，螺杆就移动 0.5 mm。

微分筒圆锥面上共刻有 50 格，因此微分筒每转一格，螺杆就移 $0.5 \div 50 = 0.01$（mm）。

［例 2］正确读取图 1.23 所示外径千分尺读数。

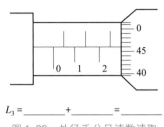

$$L_3 = \underline{\hspace{2cm}} + \underline{\hspace{2cm}} = \underline{\hspace{2cm}}$$

图 1.23　外径千分尺读数读取

3. V 形铁

V 形铁通常是两个一起使用，在划线中用以支承轴件、筒形件或圆盘类工件，如图 1.24 所示。

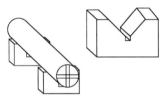

图 1.24　V 形铁

4. 高度尺

在该加工工序中主要利用高度尺完成划线。

高度尺是一种精密量具，可作为精密划线工具，常用的精度为 0.02 mm，装有硬质合金划针脚，如图 1.25 所示。使用高度尺的注意事项如下：

（1）使用高度尺划线时，应保持划针水平，伸出部分尽量短，这样可以增加其刚度。

（2）在拖动高度尺底座时，应与划线平板紧密接触，避免摇晃和跳动。

（3）在移动高度尺时，应用手拿住底座，而不能用手提着尺身，避免其变形而影响精度。

（4）使用完后应将其放入盒内妥善保管，避免零件遗失。

图 1.25　高度尺

5. 刀口尺

刀口形直尺是一类测量面呈刀口状的直尺，用于测量工件平面的形状误差，如图 1.26 所示。

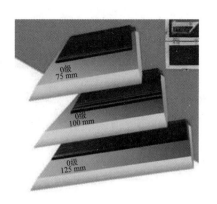

图 1.26　刀口尺

二、选用何种方式加工

在该工序中主要利用锉刀对工件材料进行锉削加工。它的应用很广，可锉削工件的外表面、内孔、沟槽和各种形状复杂的表面。它的锉削精度可达 0.01 mm，表面粗糙度可达 Ra0.8 mm，能够满足对该面的加工要求。

常见锉刀材质是用高碳工具钢 T13 或 T12A 制成，经热处理后其切削部分硬度达到 HRC62 以上。

常见锉刀有普通钳工锉、异形锉和整形锉。图 1.27 和图 1.28 所示为这几类图形的断面形状。钳工常用的锉刀有 100 mm、125 mm、150 mm、200 mm、250 mm、300 mm、350 mm 等几种。

图 1.27　普通钳工锉截面形状　　　　　　　图 1.28　异形锉截面形状

三、锉刀的选用

1. 锉刀粗细的选择

锉刀的粗细选择取决于工件加工余量的大小、加工精度的高低、表面粗糙度数值的大小和工件材料的性质。粗锉刀适用于锉削加工余量大、加工精度低和表面粗糙度数值大的工件；而细锉刀适用于锉削加工余量小、加工精度高和表面粗糙度数值小的工件，见表 1.7。

表 1.7　按照加工精度选择锉刀

锉刀粗细	适用场合		
	加工余量/mm	加工精度/mm	表面粗糙度值/μm
粗锉	0.5~1	0.2~0.5	Ra12.5~50
中锉	0.2~0.5	0.05~0.2	Ra3.2~6.3
细锉	0.05~0.2	0.01~0.05	Ra1.6~6.3

锉削软材料应选用粗锉刀，用细锉刀锉削软材料时，由于容屑空间小，故容易被切屑堵塞而失去切削能力。锉削硬材料应选用细锉刀，由于细锉刀同时参与切削的锉齿较多，故比较容易将材料切下。

2. 锉刀形状的选择

锉刀断面形状的选择取决于工件加工表面的形状。工件加工表面形状不同，则选用的锉刀断面的形状也有所不同。加工平面和外曲面时，可选用平锉；加工内曲面时，可选用圆锉、半圆锉；加工角度面时，可选用三角锉和半圆锉等。

3. 锉刀规格的选择

锉刀长度规格的选择取决于工件加工表面的大小和加工余量的大小。当加工面尺寸和加工余量较大时，应选用较长的锉刀，反之则选用较短的锉刀。

4. 锉刀柄部的装拆

为了握住锉刀和用力方便，锉刀必须装上木柄。锉刀柄安装孔的深度约等于锉刀舌的长度，即孔的大小使锉刀舌能自由地插入 1/2 的深度。装柄时先把锉刀舌插入柄孔，然后将锉刀柄的端部在台虎钳等坚实的平面上敲击或用锤子轻轻敲击锉刀柄，使锉刀舌长度的 3/4 左右进入柄孔为止，如图 1.29 所示。

拆卸锉刀柄可在台虎钳口或其他稳固件的侧平面进行，利用锉刀柄撞击台虎钳等平面后，锉刀在惯性作用下与木柄脱开。

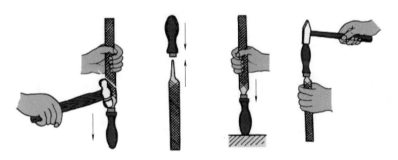

图 1.29　锉刀木柄安装方式

四、锉削的方法

1. 工件装夹

（1）工件应尽量夹在钳口的中间位置。

（2）夹持要稳固可靠，但不能使工件变形。

（3）锉削面离钳口不要太远，以免锉削时工件产生振动，发出噪声。

（4）工件形状不规则时，要加适宜的衬垫后夹持，如夹圆形工件要采用 V 形铁或弧形木块。

（5）夹持已加工面时，台虎钳钳口应衬以软钳口，以防夹坏已加工表面。

2. 锉刀握法

如图 1.30 所示，粗加工时选用大锉刀，右手心抵着锉刀木柄的端头，大拇指放在锉刀木柄的上面，其余四指弯在木柄的下面，配合大拇指捏住锉刀木柄，左手则根据锉刀的大小和用力的轻重可有多种姿势。

3. 站立姿势

站立姿势如图 1.31 所示，身体与台钳中心线大致成 45°角，且略向前倾，左脚跨前半步，脚面中心线与台虎钳中心线成 30°，右脚脚面中心线与台虎钳中心线成 75°，左膝盖处稍有弯曲，保持自然放松状态，右脚要站稳伸直，不要过于用力。

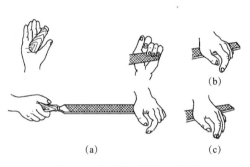
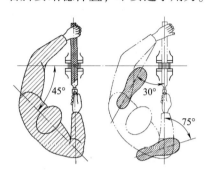

图 1.30　大型锉刀握法示意图　　　　　　图 1.31　锉削时的站立步位和姿势

4. 锉削方式的选用

常见的锉削方法见表 1.8。

表 1.8　常见的锉削方法

锉削方法	操作示例	操作方法
顺向锉		锉刀运动方向与工件夹持方向始终一致。在锉宽平面时，每次退回锉刀时应在横向做适当的移动。顺向锉法的锉纹整齐一致，比较美观，不大的平面和最后锉光都用这种方法，是最基本和常用的方法
交叉锉		锉刀运动方向与工件夹持方向成 30°~40°且锉纹交叉。由于锉刀与工件的接触面大，锉刀容易掌握平稳，同时从刀痕上可以判断出锉削面的高低情况，表面容易锉平，一般适于粗锉，效率高
推锉		用两手对称横握锉刀，用大拇指推动锉刀顺着工件长度方向进行锉削，此法一般用来锉削狭长平面，效率低

5. 平面锉削的检验方法

检验平面的方法有以下两种。

1）透光法

采用刀口直尺检验，即把刀口直尺的刀刃放在被检验的工件平面上，对着光线通过透过的光线判断缝隙大小，如图 1.32 所示。

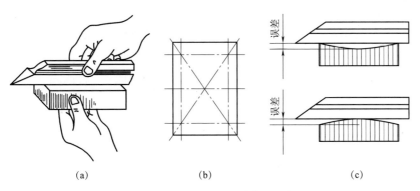

图 1.32　用刀口形直尺检查平面度

2）研磨法

把工件放到平板上研磨，看工件的接触面，凸的地方发光。

任务实施

一、任务分析

本任务是利用锉削加工完成长方体表面的加工，通过练习学会利用锉刀进行正确的操作，达到图纸对长方体的相关技术要求，并掌握锉削及划线技能，同时培养学生吃苦耐劳、团结协作的精神。

二、任务准备

设备、材料及工、量具准备清单见表 1.9。

表 1.9　设备、材料及工、量具准备清单

序号	类型	名称	规格	数量	备注
1	设备	台虎钳	150 mm	1	
2		台钻	ZB512	1	
3		平板	2 000 mm×15 000 mm	1	
4		方箱	300 mm×300 mm×300 mm	1	
5		砂轮机	M3030	1	
6	材料	ϕ25 mm×80 mm 备料图	45 钢	1	

续表

序号	类型	名称	规格	数量	备注
7		卡尺	200 mm	1	
8		千分尺	各规格	1	
9	量具	百分表（带表架）	0~10 mm	1	
10		刀口角尺	125 mm	1	
11		直角尺	100 mm×63 mm	1	
12		锉刀	各规格	若干	根据任务选择
13		锯弓	300 mm	1	
14	工具	毛刷	—	—	
15		软钳口	—	1	
16		护目镜	—	1	

三、加工步骤

1. 基准面 A 的加工

图 1.33 所示为基准面 A 加工示意图，选取合适的加工工具，按照以下加工顺序进行加工，至满足图样规定要求。

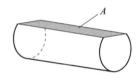

图 1.33　加工示意图

1）划线

将毛坯放置在 V 形块上，用游标高度尺划第一加工面的加工线，具体划线及计算方法如图 1.34 所示。

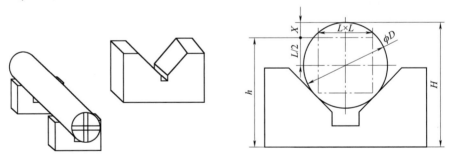

图 1.34　V 形铁上划线及高度的计算

划线高度：

$$h = H - \left(\frac{D}{2} - \frac{L}{2} \right) = H - \left(\frac{25}{2} - \frac{18}{2} \right) = H - 3.5$$

在锉削加工过程中分为两个过程，即粗加工和精加工。

2）A 面粗加工

锉削过程中，使用锉刀规格为 300 mm 以上的粗锉刀进行锉削，粗锉过程分为以下两个阶段。

（1）单纯锉削阶段。

这一阶段中不进行测量，以尺寸线为基准。当平面被锉削距离距要求的尺寸线为 0.5 mm 时（肉眼估计），此阶段结束。

（2）锉削与测量综合运用阶段。

这一阶段要开始反复进行测量，最后留 0.15 mm 左右的加工余量，便转入精锉，如图 1.35 所示。

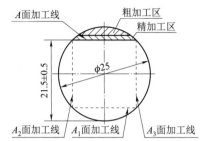

注：A_1、A_2、A_3、A_4 分别为四个待加工面的位置线

图 1.35　粗、精加工示意图

在粗锉加工过程中一般采用顺向锉和交叉锉两种方式。

3）A 面精加工

使用锉刀规格为 200 mm 或 250 mm 的细齿锉刀进行，锉削时要不断检查尺寸及平面度，并观察表面粗糙度情况，使得各项精度均符合要求。

锉削时可以使用顺向锉削或者推锉的方式，见表 1.8。锉削较小工件平面时，其平面通常都采用刀口形直尺，通过透光法来检查，对着光线，看透过的光线判断缝隙大小，如图 1.32 所示。

4）A 面检测

精加工过程中应该不断检测基准面和对面之间的尺寸，应为（21.5±0.5）mm，如图 1.35 所示。

2. 锉削加工 A 基准面的对面 A_1

图 1.36 所示 A_1 面为基准面 A 对面的待加工面。

首先将 A 基准面贴合平板，如图 1.37 所示，用高度尺画出 18 mm 的加工参考线，A_1 面加工方法与基准面 A 加工方法一致，加工完成后按照图样技术要求进行检测。

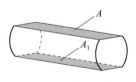

图 1.36　A_1 加工示意图

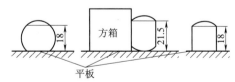

图 1.37　划线方式

3. 锉削基准面 A 的任一邻面 A_2

如图 1.38 所示，A_2 面为基准面 A 的任一邻面。

加工时首先将 A 基准面贴合方箱，如图 1.38 所示，用高度尺画出 21.5 mm 的加工参考线，A_2 面的其他加工方法同基准面 A 加工方法一致。加工完成

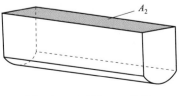

图 1.38　A_2 面加工示意图

后按照图样技术要求进行检测。

检测过程中利用角度尺保证和 A 基准面的垂直。在利用 90°角尺或活动角尺（见图 1.39）检查工件垂直度前，应先用锉刀将工件的锐边倒钝，如图 1.40 所示。

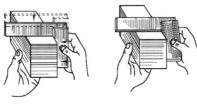

图 1.39　用 90°角尺检查工件垂直度

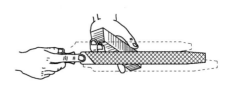

图 1.40　锐边倒钝方法

4. 锉削基准面 A 的另一邻面 A_3（即 A_2 的对面）

加工时首先将 A_2 面贴合平板用高度尺画出 18 mm 的加工参考线，如图 1.37 所示；加工 A_3 面的其他加工方法与基准面 A 加工方法一致；A_3 如图 1.41 所示。加工完成后按照图样技术要求进行检测。

图 1.41　A_3 和端面 B 加工示意图

5. 锉削加工其中一端面 B

锉削加工六方体的一个端面，选择其中一个较为平整的一面（见图 1.41），并达到图样所示的要求。

6. 修整

全面复检，并做必要的修整，锐边去毛刺。

四、任务实施要点及注意事项

（1）在加工前，要了解来料的误差等情况，然后进行加工。

（2）学习的重点仍应放在取得正确的锉削姿势上。

（3）必须使基准面达到要求后，才能加工其他相邻各边。

（4）检查垂直度时，要注意角尺从上向下移动的速度、压力不要太大，否则易造成测量不准确。

（5）在接近加工要求时的误差修整，要全面考虑、逐步进行，不要过急，以免造成平面的塌角、不平现象。

（6）工、量具要放置于规定的位置，使用时要轻拿轻放，用完后要擦净，做到文明生产。

五、任务评价

学生根据任务要求完成任务后，教师根据任务实施过程及完成情况对结果按照表 1.10 进行评价。

表 1.10　任务评价表

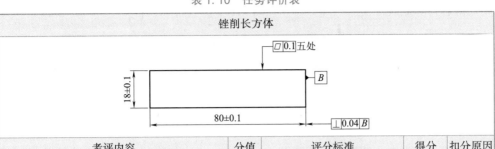

锉削长方体					
考评内容		分值	评分标准	得分	扣分原因
素养目标	1　培养学生精益求精的精神	5	在实践过程中能严格要求自己		
	2　培养学生规范意识	5	能够严格执行相关标准		
操作要点	3　锉刀的握法是否正确	10	安装错误扣 10 分		
	4　锉削时工件的夹持是否正确、合理	5	工件夹持不当扣 5 分		
	5　划线方法是否正确	5	方法不当扣 5 分		
	6　锉削表面的平面度	20	按照平直度给分		
	7　尺寸（18±0.1）mm	20	尺寸超过误差扣 20 分		
	8　A_2、A_3 面同基准面 A 的垂直度	20	尺寸超过误差扣 20 分		
安全文明操作	9　遵守安全操作规程，正确使用工、夹、量具，操作现场整洁	5	有一项不符合要求扣 1 分，扣完为止		
	10　安全用电，防火，无人身、设备损坏	5	因违规造成人身及设备损害，此项为 0 分		
总分					

工作任务单

学习过程

1. 划出基准面 A 加工参考线

V 形铁上划线高度的计算如任务单图 1 所示。

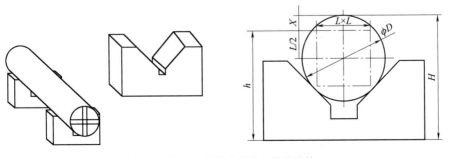

任务单图 1　V 形铁上划线高度的计算

试着计算划线高度：_____ $h = H - \left(\dfrac{D}{2} - \dfrac{L}{2}\right) = H - \left(\dfrac{25}{2} - \dfrac{18}{2}\right) = H - 3.5$

思考：高度游标尺的用途有哪些？在使用高度游标卡尺时应注意哪些问题？

答：_____。

2. 装夹工件

装夹方式：_____。

3. A 面粗加工

在锉削过程中，使用锉刀规格为_____进行锉削，粗锉过程分为两个阶段。

1）单纯锉削阶段

这一阶段中不进行测量，以尺寸线为基准。当平面被锉削距离距要求尺寸线为 0.5 mm 时（肉眼估计），此阶段结束。

2）锉削与测量综合运用阶段

这一阶段要开始反复进行测量，最后留 0.15 mm 左右的加工余量，便转入精锉。

在粗锉加工过程中一般采用_____、_____两种方式，各自的特点有哪些？

_____。

任务单表 1 所示为常见的锉削方式。

任务单表 1　常见的锉削方式

锉削方法	操作示例	特点
顺向锉		
交叉锉		
推锉		

4. A 面精加工

使用锉刀规格为：200 mm 或 250 mm 的细齿锉刀进行，锉削时要不断检查尺寸及平面度，并观察表面粗糙度情况，使得各项精度均符合要求。

锉削时可以使用顺向锉削或者推锉的方式，见任务单表1。推锉时两手对称地握着锉刀，用两大拇指推锉刀进行锉削。这种方式适用于：＿＿＿＿＿＿＿＿＿＿。

简述你所用的平面度检测方法。

＿＿＿＿＿＿＿＿＿＿＿＿＿＿＿＿＿＿＿＿＿＿＿＿＿＿＿＿＿＿＿＿＿＿。

5. A 面检测

精加工过程中同时应该不断检测基准面和对面之间的尺寸，应该在＿＿＿＿＿＿

＿＿＿＿＿＿＿＿＿＿＿＿＿＿＿＿＿＿＿＿＿＿＿＿＿＿＿＿＿＿＿＿＿＿。

分析：在锉削加工中经常出现 A 面呈现中间凸起状态，分析原因：＿＿＿＿＿

＿＿＿＿＿＿＿＿＿＿＿＿＿＿＿＿＿＿＿＿＿＿＿＿＿＿＿＿＿＿＿＿＿＿。

思考：应怎样检验零件的表面粗糙度。

答：＿＿＿＿＿＿＿＿＿＿＿＿＿＿＿＿＿＿＿＿＿＿＿＿＿＿＿＿＿＿＿＿。

6. 锉削加工 A 基准面的对面 A_1

（1）如何划出 A_1 面的加工参考线？

答：＿＿＿＿＿＿＿＿＿＿＿＿＿＿＿＿＿＿＿＿＿＿＿＿＿＿＿＿＿＿＿。

（2）小榔头图样中共有几处有平行度要求？你加工的榔头符合图样中的平行度要求吗？你是如何测量的？造成误差的原因是什么？

答：＿＿＿＿＿＿＿＿＿＿＿＿＿＿＿＿＿＿＿＿＿＿＿＿＿＿＿＿＿＿＿。

7. 锉削基准面 A 的任一邻面 A_2

（1）如何划出 A_2 面的加工参考线？

答：＿＿＿＿＿＿＿＿＿＿＿＿＿＿＿＿＿＿＿＿＿＿＿＿＿＿＿＿＿＿＿。

（2）小榔头图样中共有几处有垂直度要求？你加工的榔头符合图样中的垂直度要求吗？你是如何测量的？造成误差的原因是什么？

答：＿＿＿＿＿＿＿＿＿＿＿＿＿＿＿＿＿＿＿＿＿＿＿＿＿＿＿＿＿＿＿。

（3）如何检测 A 面和 A_2 面的垂直度并绘制简图。

答：＿＿＿＿＿＿＿＿＿＿＿＿＿＿＿＿＿＿＿＿＿＿＿＿＿＿＿＿＿＿＿。

简图：

8. 锉削基准面 A 的另一邻面 A_3 即 A_2 的对面

如何划出 A_3 面的加工参考线？

答：＿＿＿＿＿＿＿＿＿＿＿＿＿＿＿＿＿＿＿＿＿＿＿＿＿＿＿＿＿＿＿。

9. 锉削加工其中一端面 B

如何检测端面的相关技术要求？

答：＿＿＿＿＿＿＿＿＿＿＿＿＿＿＿＿＿＿＿＿＿＿＿＿＿＿＿＿＿＿＿。

思考：

（1）加工端面过程中是否出现噪声过大？你是如何解决的？

答：_____。

（2）在锉削六方体时，可否用小面来控制大平面的垂直度？为什么？

答：_____。

10. 全面复检，并做必要的修整

全面复检，并做必要的修整，锐边去毛刺。

11. 任务总结

根据所完成练习的情况，填写任务单表2。

任务单表2　任务总结表

序号	项目	内容
1	我学到的知识	1. 2.
2	还需要进一步提高的操作练习	1. 2.
3	存在疑问或者不懂的知识点	1. 2.
4	应该注意的问题	1. 2.

学习活动4　螺纹底孔的加工

知识目标

（1）了解麻花钻的结构与组成；

（2）熟悉切削部分各个参数对切削的影响；

（3）掌握钻削用量的选择方法；

（4）了解所使用钻床的基本结构及操作方法；

（5）常用钻孔的方法；

（6）扩孔的工具及扩孔操作方法；

（7）铰孔工具及铰孔的要求和操作方法；

（8）孔加工过程中常见问题的处理方法。

技能目标

（1）掌握麻花钻的刃磨方法；

（2）掌握各种材料的钻削加工方法；

（3）掌握钻床的使用。

素质目标

（1）树立人生理想、目标；

（2）树立安全意识。

任务描述

本次任务主要学习通过计算坐标划线的方法，获得螺纹底孔的加工位置，进一步练习划线、钻孔、锉削等技能，加工中要注意工、量具的正确使用。图 1.42 所示为螺纹底孔加工示意图。

图 1.42　螺纹底孔加工示意图

知识准备

一、工量具准备

1. 划针

弹簧钢丝或工具钢制成，直径 $\phi3 \sim \phi5$ mm，尖端磨成 $15° \sim 20°$ 的尖角，经淬火处理。

使用要点：划针的握持方法与用铅笔划线时相似，针尖要紧靠导向工具的边缘，上部向外侧倾斜 $15° \sim 20°$，向划线移动方向倾斜 $45° \sim 75°$，划线时要尽量做到一次划成，如图 1.43 所示。

划针针尖要保持尖锐，划线要尽量一次划成，使划出的线条既清晰又准确，避免连续几次重复地划同一根线条，否则线条变粗或不重合，反而模糊不清。划针不用时，不能插在衣袋中，以免不小心被其扎伤。严禁手持划针开玩笑或打闹，以免误伤他人。

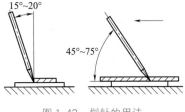

图 1.43　划针的用法

2. 样冲

样冲用于在工件所划的加工线条上打样冲眼，作为界限标志或作为划圆弧或钻孔时的定位中心。样冲一般用工具钢制成，尖端淬硬。

首先将样冲外倾，使其尖端对准所划线条的正中，然后样冲立直，用锤子轻轻敲击样冲顶端，如图 1.44 所示。

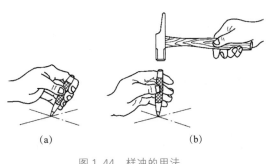

（a）　　　　　　　（b）

图 1.44　样冲的用法

按钻孔的位置尺寸要求，划出孔的十字中心线，并打上中心样冲眼，再按孔的大小划出孔的圆周线。

二、选用何种方式加工

在该工序中主要利用麻花钻在钻床上对工件材料进行钻孔，完成底孔加工。

1. 设备

用钻床（见图 1.45）钻孔时，工件固定不动，钻头装在钻床主轴上，一面旋转（即切削运动），一面沿钻头轴线向下做直线运动（即进给运动）。

钻削速度以最大线速度（m/min）表示，进给是以钻头每转一周沿轴向移动的距离 f（mm/r）表示，如图 1.46 所示。钻孔加工精度不高，一般公差等级为 IT10~IT9，表面粗糙度值 $\geq Ra12.5\ \mu m$。

图 1.45　钻床

图 1.46　钻削运动

v—主运动；f—进给运动

2. 刀具—麻花钻

1）麻花钻的组成

麻花钻主要由工作部分、颈部和柄部组成。它一般用高速钢（W18Cr4V 或 W9Cr4V2）制成，淬火后硬度为 62~68 HRC，其结构如图 1.47 所示。

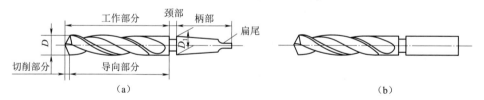

图 1.47　麻花钻的结构组成

（1）柄部：麻花钻的夹持部分，用以夹持、定心和传递动力，有锥柄和直柄两种。一般直径小于 13 mm 的麻花钻采用直柄的形式，直径大于 13 mm 的采用锥柄的形式。

（2）颈部：在磨制麻花钻时供砂轮退刀用。一般麻花钻的规格、材料和商标也刻印在此处。

（3）工作部分：又分导向部分和切削部分。导向部分用来保持麻花钻工作时的正确方向。在麻花钻重磨时，导向部分逐渐变为切削部分投入切削工作。导向部分有两条螺旋槽，作用是形成切削刃及容纳和排出切屑，便于冷却液沿着螺旋槽输入。

切削部分有两个刀瓣，两个螺旋槽的表面是前刀面，切屑沿其排出；切削部分顶端的两个曲面是后刀面，与工件的切削表面相对。

2）钻头的装拆

直柄麻花钻的拆装和锥柄麻花钻的拆装分别如图 1.48 和图 1.49 所示。

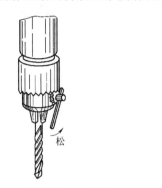
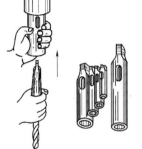

图 1.48　直柄麻花钻钻头的拆装　　　　图 1.49　锥柄钻头的拆装及锥套用法

3. 钻孔

1）工件装夹的选择

（1）外形平整的工件可用平口钳装夹，如图 1.50（a）所示。

（2）对于圆柱形工件，可用 V 形铁进行装夹，如图 1.50（b）所示。

（3）较大工件且钻孔直径在 12 mm 以上时，可用压板夹持的方法进行钻孔，如图 1.50（c）所示。

（4）对于加工基准在侧面的工件，可用角铁进行装夹，如图 1.50（d）所示。

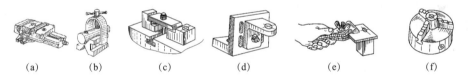

（a）　　　（b）　　　（c）　　　（d）　　　（e）　　　（f）

图 1.50　工件的装夹方法

（a）平口钳装夹；（b）V 形铁装夹；（c）螺旋压板装夹；（d）角铁装夹；

（e）手虎钳装夹；（f）三爪自定心卡盘装夹

2）切削用量的选择

（1）切削速度。

一般在钢件上钻孔可取切削速度为 20 m/min。

例如在钢件上钻 ϕ6.7 mm 的孔时，则切削速度为

$$v=（\pi Dn）/1\,000$$

得：

$$n=1\,000v/10\pi=637$$

式中　D——钻头直径（mm）；

　　　n——钻头转速（r/min）；

　　　v——切削转速（m/min）。

计算转速为 637 r/min，据此就近选择钻床主轴转速。在实际操作时，可根据材料软硬进行修正或根据经验进行选择。表 1.11 所示为常见材料表中麻花钻的钻削速度。

表 1.11　标准麻花钻的钻削速度

序号	钻削材料	钻削速度/（m·min⁻¹）
1	铸铁	12~30
2	中碳钢	12~22
3	合金钢	10~18
4	铜合金	30~60

（2）进给量。

进给量指的是主轴每转一轴，钻头沿轴线的相对位移量，单位为 mm/r，见表 1.12。

表 1.12　标准麻花钻的进给量

钻头直径 D/mm	<3	3~6	6~12	12~25	>25
进给量/（mm·r⁻¹）	0.025~0.05	0.05~0.1	0.1~0.18	0.18~0.38	0.38~0.62

（3）切削深度（a_p）指已加工表面与待加工表面之间的垂直距离，钻削时，$a_p = D/2$。

3）起钻

钻孔时，先使钻头对准钻孔中心的冲眼钻出一浅坑，以观察钻孔位置是否正确。若有偏位，则需不断借正，使浅坑逐步与划线圆同心。如偏位较小，则可在起钻的同时，用力将工件向偏位的反方向推移，即可达到校正；如偏位较大，则可在借正方向上打几个样冲眼或用油槽錾錾出几条槽（见图 1.51），以减少此处的钻削阻力，逐步借正至要求。无论采用何种方法借正，都必须在锥孔外圆小于钻头直径前完成。

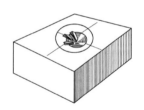

图 1.51　用錾槽来
纠正钻偏的孔

4）手动进给操作

当起钻达到钻孔位置要求后，即可压紧工件进行钻孔。手动进给时，进给力不应使钻头产生弯曲现象，以免使孔的轴线歪斜。钻小直径孔或深孔时进给量要小，并要经常排屑，以免切屑阻塞而扭断钻头，一般在钻孔深度达到直径的 3 倍时，一定要退钻排屑。通孔将钻穿时，进给力要小，以防进给量突然增大，造成切削抗力增大，使钻头折断，或使工件随钻头转动而造成事故。

5）钻孔时的冷却润滑

钻削过程中，由于切屑变形与工件接触所产生的切削热会影响到钻头的切削能力和钻削精度，严重时会降低钻头的强度，使钻削难以进行。因此，钻孔时要根据钻削材料的不同选用和加注不同的切削液，以对钻头进行冷却和润滑，减少钻削时钻头与工件、切屑之间的摩擦以及消除粘附在钻头和工件上的积屑瘤，降低切削抗力，提高钻头寿命和改善加工孔的表面质量。

钻削一般结构钢工件时，主要以冷却为主，可使用3%~7%的乳化液或7%的硫化乳化液；钻削铜、铝合金工件时，可加注5%~8%的乳化液；钻削铸铁工件时，可加注5%~8%的乳化液或用煤油。

6）钻孔过程中经常出现的问题（见表1.13）

表1.13　钻孔过程中经常出现的问题

序号	出现的问题	产生的原因
1	孔径大于规定尺寸	1. 钻头两切削刃长度不等、高低不一致； 2. 钻床主轴径向偏摆或工作台未锁紧，有松动； 3. 钻头本身弯曲或装夹不好，使钻头有过大的径向跳动现象
2	孔壁粗糙	1. 钻头两切削刃不锋利； 2. 进给量太大； 3. 切屑堵塞在螺旋槽内，擦伤孔壁； 4. 切削液供应量不足或选用不当； 5. 钻头过短，排屑不畅
3	孔位超差	1. 工件划线不正确； 2. 钻头横刃太长，定心不准； 3. 起钻过偏而没有校正
4	孔的轴线歪斜	1. 钻孔平面与钻床主轴不垂直； 2. 工件装夹不牢，钻孔时产生歪斜； 3. 工件表面有气孔、砂眼； 4. 进给量过大，使钻头产生变形
5	孔不圆	1. 钻头两切削刃不对称； 2. 钻头后角过大
6	钻头寿命低或折断	1. 钻头已经磨损还继续使用； 2. 切削用量选择过大； 3. 钻孔时没有及时退屑，使切屑阻塞在钻头螺旋槽内； 4. 工件未夹紧，钻孔时产生松动； 5. 孔将钻通时没有减小进给量； 6. 切削液供给不足

任务实施

一、任务分析

本次任务主要学习通过计算坐标划线的方法，获得螺纹底孔的加工位置。根据螺纹大小选择相应的钻头，进一步练习划线、钻孔和锉削等技能。

二、任务准备

材料工、量具准备清单见表 1.14。

表 1.14　材料工、量具准备清单

序号	类型	名称	规格	数量	备注
1	设备	台虎钳	150 mm	1	
2		台钻	ZB512	1	
3		平板	2 000 mm×15 000 mm	1	
4		方箱	300 mm×300 mm×300 mm	1	
5		砂轮机	M3030	1	
6	材料	上一工序完成工件			
7	量具	卡尺	200 mm	1	
8		千分尺	各规格	1	
11		高度尺	0~300 mm		
14		刀口角尺	125 mm	1	
15		直角尺	100 mm×63 mm	1	
19		毛刷	—	—	
20		钻头	φ6.8 mm	1	
21		样冲	—	1	
22		划针	—	1	
23		软钳口	—	1	
24		护目镜	—	1	

三、加工步骤

1. 确定底孔位置

根据图纸要求利用高度尺进行划线，确定底孔位置，如图 1.52 所示。

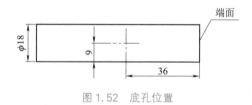

图 1.52　底孔位置

（1）将高度尺调整到 9 mm（实际划线过程中应该测量基准面 A 和对面 A_1 之间距离取中进行划线）。

（2）将基准面 A 贴紧平板，后侧靠紧方箱，利用高度尺划出 9 mm 的线（第 1 根线），如图 1.53 所示。

（3）将端面 B 贴紧平板，后侧靠紧方箱，利用高度尺划出 36 mm 的线（第 2 根

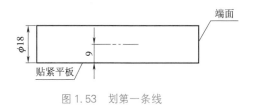

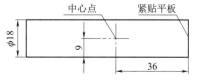

线），如图 1.54 所示。

两条线所交点即为需要加工的底孔所在位置。

图 1.53　划第一条线　　　　　　图 1.54　划第二根线

2. 打样冲眼

样冲用于在工件所划的加工线条上打样冲眼，作为界限标志或作为划圆弧或钻孔时的定位中心。一般用工具钢制成，尖端淬硬。

首先将样冲外倾，使其尖端对准所划线条的正中，然后样冲立直，用锤子轻轻敲击样冲顶端，如图 1.44 所示。

3. 钻孔

1）选择钻头尺寸

底孔直径的计算：

对于普通螺纹来说，底孔直径可根据式（1.1）和式（1.2）计算得出。

脆性材料：

$$D_{底} = D - 1.05P \tag{1.1}$$

韧性材料：

$$D_{底} = D - P \tag{1.2}$$

式中　$D_{底}$——底孔直径；

　　　D——螺纹大径；

　　　P——螺距。

将麻花钻装夹到台钻上。

2）装夹工件

外形平整的工件可用平口钳装夹，如图 1.55 所示，装夹时可在钳口两端装薄铜皮防止夹伤工件。

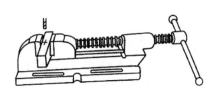

图 1.55　装夹工件

3）调节转速

一般在钢件上钻孔可取切削速度为 20 m/min。

例如在钢件上钻 $\phi 6.7$ mm 的孔时，则切削速度为

$$v = (\pi D n) / 1\,000$$

得：

$$n = 1\,000v / 10\pi = 637$$

式中　D——钻头直径（mm）；

　　　n——钻头转速（r/min）；

　　　v——切削转速（m/min）。

计算转速为 637 r/min，据此就近选择钻床主轴转速。在实际操作时，可根据材

料软硬进行修正或根据经验进行选择。

4）钻孔

钻孔开始时，先调整钻头或工件的位置，使钻头对准钻孔中心，然后试钻一浅坑，当钻出的浅坑与所划的钻孔圆周线或十字线不同心时，可移动工件或钻床主轴来找正。

（1）当试钻达到孔的中心位置要求后，即可压紧工件进行钻孔。

（2）用手动进给时，不可用力过大，避免钻头弯曲、钻孔歪斜。

（3）注意经常退钻排屑，以免因切屑阻塞而扭断钻头。

（4）孔将被钻穿时，进给力必须减小，以防进给量突然加大，增大切削抗力，导致钻头折断，或使工件随着钻头一起转动而造成事故。

（5）用机动进给时，需调整好钻头的转速和进给量，当钻头开始切入工件和即将钻穿时，应改为手动进给。

4. 孔口倒角

在螺纹底孔的孔口处要倒角，通孔螺纹的两端均要倒角，这样可以保证丝锥比较容易地切入，并防止孔口出现挤压出的凸边。在该加工中用 $\phi10$ mm 的钻头两端倒角。

5. 检测

检测底孔尺寸以及尺寸的位置是否正确。

四、任务实施要点及注意事项

（1）钻孔前应清理工作台，如使用的刀具、量具和其他物品，不应放在工作台上。

（2）钻孔前要夹紧工件，钻通孔时垫垫块，或使钻头对准工作台的沟槽，防止钻头损坏工作台。

（3）钻通孔时，零件底部应加垫块，通孔快钻穿时，要减少进给量，以防发生事故。

（4）松紧钻夹头应在停车后进行，要用"钥匙"来松紧，而不能敲击。当钻头要从钻头套中退出时，要用楔铁敲击。

（5）钻床变速前，应停车后变速。

（6）钻孔时扎紧衣袖，戴好工作帽，严禁戴手套。

（7）清除切屑不能用嘴吹、手拉、棉纱擦，要用毛刷清扫。卷绕在钻头上的切屑应停车用铁钩拉出。

（8）钻孔时，不能两人同时操作，以防出现事故。

（9）试钻前要把工件装夹牢固，并找正，同时要根据钻头直径大小来调整钻床主轴转速。

五、任务评价

学生根据任务要求完成任务点后，教师根据任务实施过程及完成情况对结果按照表 1.15 进行评价。

表 1.15　任务评价表

螺纹底孔加工

	考评内容		分值	评分标准	得分	扣分原因
素养目标	1	培养学生理论联系实际的意识	5	在实践过程中能准确使用相关理论知识解决实际问题		
	2	不惧失败，敢于大胆尝试的精神	5	能够顺利完成任务		
操作要点	3	划线方式是否正确	10	错误扣 10 分		
	4	划线尺寸是否正确	10	尺寸不对扣 20 分		
	5	样冲使用方式是否正确	10	方法不当扣 20 分		
	6	样冲眼是否在正中间	10	不在中间扣 10 分		
	7	底孔位置尺寸是否正确	10	错误扣 10 分		
	8	选择钻头尺寸是否正确	10	尺寸选择不对扣 10 分		
	9	选择切削用量是否正确	10	选择不对扣 10 分		
	10	有无倒角	10	无倒角扣 10 分		
安全文明操作	11	遵守安全操作规程，正确使用工、夹、量具，操作现场整洁	5	有一项不符合要求扣 1 分，扣完为止		
	12	安全用电，防火，无人身、设备损坏	5	因违规造成人身及设备损害，此项为 0 分		
总分						

工作任务单

任务实施

（1）你是如何划线确定底孔的位置的，请画出简图并简述划线方法。

答：_____。

简图：

（2）划线完成并确定底孔的位置后，利用样冲打样冲眼作为钻孔的定位中心，在你敲击过程中有没有偏离中心，如果有偏离你是如何处理的？

答：_____。

（3）钻孔。

①对于加工 M8 螺纹孔，$D_底$ = _____。

a. 麻花钻由哪几部分组成？

答：_____。

b. 麻花钻的柄部有几种类型？各自有哪些特点？

答：_____。

②调节转速。加工所选择的主轴转速为：_____。

③在钻孔过程中是如何使钻头对准孔中心的？如果偏离孔中心，是如何处理的？

答：_____。

（4）为了便于攻螺纹，在孔口处倒角，你是如何保证钻头和孔同轴的？

答：_____。

（5）检测。

检测底孔尺寸以及尺寸的位置是否正确？

孔尺寸：是□　　否□　　　　　孔位置：是□　　否□

（6）任务总结。

根据所完成练习的情况，填写任务单表 1。

任务单表 1　任务总结表

序号	项目	内容
1	我学到的知识	1. 2.
2	还需要进一步提高的操作练习	1. 2.
3	存在疑问或者不懂的知识点	1. 2.
4	应该注意的问题	1. 2.

学习活动 5　攻、套螺纹

知识目标

（1）了解螺纹的基本知识；

（2）掌握攻螺纹工具及攻螺纹前底孔直径的计算；

（3）掌握套螺纹工具及套螺纹前圆杆直径的计算。

技能目标

（1）掌握攻螺纹的方法；

（2）掌握套螺纹的方法。

素质目标

（1）树立正确的时间观念；

（2）树立回头思考的意识。

任务描述

本次任务主要完成内外螺纹的加工，通过学习掌握螺纹加工的基本技能。图 1.56 所示为要加工小榔头的底孔示意图，图 1.57 所示为锤头把加工示意图。

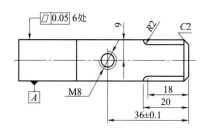

图 1.56　螺纹加工示意图

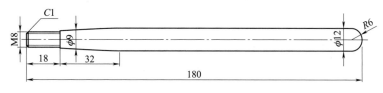

图 1.57　锤头把

知识准备

一、工量具准备

1. 攻螺纹常见工具

用丝锥在工件的孔中加工出内螺纹的操作方法称攻螺纹。

1）丝锥

丝锥是加工内螺纹的工具，主要分为机用丝锥与手用丝锥。

（1）丝锥的构造。丝锥的主要构造如图 1.58 所示，由工作部分和柄部构成，其中工作部分包括切削部分和校准部分。

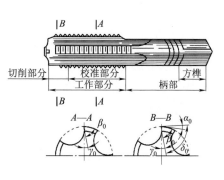

图 1.58　丝锥的构造

（2）丝锥的分类。

①按加工螺纹的种类分类。

a. 普通三角形螺纹丝锥，其中 M6～M24 的丝锥为两只一套，小于 M6 和大于 M24 的丝锥为三只一套。两只一套的丝锥分别称为头锥和二锥；三只一套的丝锥分别称为头锥、二锥和三锥。头锥的切削部分较长，锥角较小，以便切入；二锥、三锥的切削部分相对较短，锥角较大。

b. 圆柱管螺纹丝锥为两只一套。

c. 圆锥管螺纹丝锥，大小尺寸均为单只。

②按加工方法分类可分为手用丝锥和机用丝锥。

（3）丝锥的选用。

丝锥的种类很多，常用的有机用丝锥、手用丝锥、圆柱管螺纹丝锥、圆锥管螺纹丝锥等。在该加工过程中通常选择手用丝锥。

2）铰杠

铰杠是手工攻螺纹时用来夹持丝锥的工具，分为普通铰杠（见图 1.59）和丁字铰杠（见图 1.60）两类。

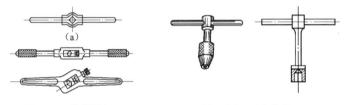

图 1.59　普通铰杠　　　　　　　图 1.60　丁字铰杠

2. 套螺纹常见工具

用板牙或螺纹切头加工工件的螺纹称为套螺纹。

1）板牙

板牙是加工外螺纹的工具，如图 1.61 所示，它由合金工具钢制作而成，并经淬火处理。

2）板牙架

板牙架是装夹板牙用的工具，其结构如图 1.62 所示。板牙放入后，用螺钉紧固。

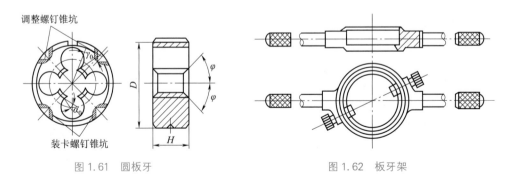

图 1.61　圆板牙　　　　　　　　　　　　　图 1.62　板牙架

二、如何攻、套螺纹

1. 攻螺纹

（1）起攻时应使用头锥。用手掌按住铰杠中部，沿丝锥轴线方向施加压力，另一手配合做顺时针旋转；或两手握住铰杠两端均匀用力，并将丝锥顺时针旋进，如图 1.63 所示。一定要保证丝锥中心线与底孔中心线重合，不能歪斜。在丝锥旋入 2 圈时，应用 90°角尺在前后、左右方向进行检查（见图 1.64），并不断校正。当丝锥切入 3~4 圈时，不能继续校正，否则容易折断丝锥。

（2）当丝锥切削部分全部进入工件时，不要再施加压力，只需靠丝锥自然旋进切削。此时两手要均匀用力，铰杠每转 1/2~1 圈，应倒转 1/4~1/2 圈断屑。

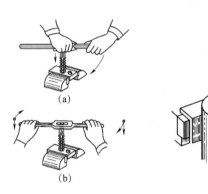

图 1.63　起攻方法　　　　图 1.64　检查攻螺纹垂直度

（3）攻螺纹时必须按头锥、二锥、三锥的顺序攻削，以减小切削负荷，防止丝锥折断。

（4）攻不通孔螺纹时，可在丝锥上做深度标记，并经常退出丝锥，将孔内切屑清除，否则会因切屑堵塞而折断丝锥或攻不到规定深度。

（5）润滑：攻钢件螺纹孔时可用机械油润滑，攻铸铁件螺纹孔时可加煤油润滑。

2. 套螺纹

1）套螺纹前圆杆直径的确定

与攻螺纹一样，用板牙套螺纹的切削过程中也同样存在挤压作用。因此，圆杆直径应小于螺纹大径，其直径尺寸可通过下式计算得出：

$$d_{杆} = d - 0.13P$$

式中　$d_{杆}$——圆杆直径；

　　　d——螺纹大径；

　　　P——螺距。

2）套螺纹加工

（1）为使板牙容易切入工件，在起套前应将圆杆端部做成 15°~20° 的倒角，且倒角小端直径应小于螺纹小径。

（2）由于套螺纹的切削力较大，且工件为圆杆，故套削时应用 V 形夹板或在钳口上加垫铜钳口，保证装夹端正、牢固。

（3）起套方法与攻螺纹的起攻方法一样，用一手手掌按住铰杠中部，沿圆杆轴线方向加压用力，另一手配合做顺时针旋转，动作要慢，压力要大，同时保证板牙端面与圆杆轴线垂直。在板牙切入圆杆 2 圈之前应及时校正。如图 1.65 所示。

（4）板牙切入 4 圈后不能再对板牙施加进给力，让板牙自然引进，套削过程中要不断倒转断屑。

（5）在钢件上套螺纹时应加切削液，以降低螺纹表面粗糙度和延长板牙寿命。一般选用机油或较浓的乳化液，精度要求高时可用植物油。

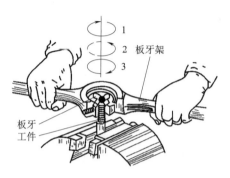

图 1.65　夹持板牙的铰杠

三、螺纹检测

螺纹主要测量螺距和大、中、小径尺寸，具体测量方法有单项测量和综合测量两类。

1. 螺距的测量

如图 1.66 所示，在测量螺距时，可以利用螺纹规进行测量，图 1.66 中螺距 $P=1.5$。

2. 中经测量

图 1.67 所示为螺纹千分尺属于专用的螺旋测微量具。螺纹千分尺具有特殊的测量头，测量头的形状做成与螺纹牙型相吻合的形状，即一个是 V 形测量头，与牙型凸起部分相吻合；另一个为圆锥形测量头，与牙型沟槽相吻合。千分尺有一套可换测量头，每一组测量头只能用来测量一定螺距范围的螺纹。

图 1.66　螺距的测量

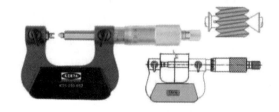

图 1.67　螺纹千分尺测量中经

按螺纹千分尺的技术指标，其最大综合误差为 ±0.028 mm，由于其测头存在一定的角度误差，工件外螺纹的螺距和牙侧角也存在较大误差，故在用绝对法测量时，其中径测量误差为 0.1 mm。该测量方法不适用于精度要求高的工件。

3. 综合检测

规格较小的螺纹（如：≤M42），一般用量规进行检验。检验螺纹所用的量规包括顶径检验量规和中径检验量规。中径量规通常为综合量规及通规和止规，如图 1.68 所示。

（1）通端螺纹环规用于检验除顶径外的被检外螺纹的所有轮廓，即被检外螺纹轮廓上的各点均不应超过外螺纹的最大实体牙型。

（2）止端螺纹环规主要用于检验外螺纹的实际中径，为了防止牙型半角误差和螺距误差对检验结果的影响，止端螺纹环规应采用截断牙型，且螺纹圈数也减少。

图 1.68　螺纹量规
（a）螺纹塞规；
（b）螺纹环规

（3）通端螺纹塞规用于检验除顶径外的被检内螺纹的所有轮廓，即被检内螺纹轮廓上的各点均不应超过该螺纹的最大实体牙型。

（4）止端螺纹塞规主要用于检验内螺纹实际中径，为了防止牙型半角误差和螺距累计误差对检验结果的影响，止端螺纹塞规也应采用截断牙型，且螺纹圈数也应减少。

任务实施

一、任务分析

本次任务主要利用丝锥和板牙完成内外 M8 螺纹的加工，通过学习掌握螺纹加工的基本技能，试配合检验螺纹。

二、任务准备

设备、材料及工、量具准备清单见表 1.16。

表 1.16　设备、材料及工、量具准备清单

序号	类型	名称	规格	数量	备注
1	设备	台虎钳	150 mm	1	
2		台钻	ZB512	1	
3		平板	2 000 mm×15 000 mm	1	
4		方箱	300 mm×300 mm×300 mm	1	
5		砂轮机	M3030	1	
6	材料	上一工序完成工件			

续表

序号	类型	名称	规格	数量	备注
7	量具	卡尺	200 mm	1	
8		千分尺	各规格	1	
9		高度尺	0~300 mm		
10		刀口角尺	125 mm	1	
11		直角尺	100 mm×63 mm	1	
12	工具	丝锥	M8	若干	根据任务选择
13		铰杠	—	1	
14		圆板牙	M8	1	
15		板牙架	—	1	
16		毛刷	—	1	
17		螺纹规	M8	1	
18		软钳口	—	1	
19		护目镜	—	1	

三、加工步骤

1. 攻螺纹

（1）准备工作。

①攻螺纹前底孔直径的确定（上一工序已经完成，底孔尺寸 $\phi6.8$ mm）。

②钻底孔，孔口倒角（上一工序已经完成）。

（2）内螺纹加工。

2. 套螺纹

（1）准备工作。

检测事先已经加工好的锤把是否满足要求。

（2）外螺纹加工。

①套螺纹前圆杆直径的确定。

②套螺纹。

③检验。

将小榔头和锤把试着配合，检验攻螺纹、套螺纹是否正确。

四、任务实施要点及注意事项

（1）工件的装夹。被加工工件装夹要正。

（2）丝锥的初始位置。在开始攻螺纹时，要把丝锥放正，然后一手扶正丝锥，另一手轻轻转动铰杠。从正面或侧面观察丝锥是否与工件基面垂直，必要时可用直角尺进行校正。

（3）如果开始攻螺纹不正，可将丝锥旋出用二锥加以纠正，然后再用头锥攻螺纹，当丝锥的切削部分全部进入工件时，就不再需要施加轴向力，靠螺纹自然旋进即可。

（4）手攻细牙螺纹或精度要求较高的螺纹时，每次进给量还要适当减少；攻削铸铁比攻削钢材的速度可以适当快一些；攻削较深螺纹时，为便于断屑和排屑，减少切削刃粘屑现象，应保证锋利的刃口，同时使攻丝油顺利地进入切削部位，以起到冷却润滑作用。

（5）要均匀转动铰杠时，操作者的两手用力要平衡，切忌用力过猛和左右晃动，否则容易将螺纹牙型撕裂和导致螺纹孔扩大及出现锥度。

五、任务评价

学生根据任务要求完成任务后，教师根据任务实施过程及完成情况对结果按照表 1.17 进行评价。

表 1.17　任务评价表

		考评内容	分值	评分标准	得分	扣分原因
素养目标	1	培养学生时间观念	5	按时完成任务		
	2	培养学生反思的精神	5	能够反思前面完成的任务，并改正		
操作要点	3	螺纹牙型有无偏斜	10	超差扣 10 分		
	4	姿势是否正确	20	不正确扣 10 分		
	5	螺纹牙型撕裂	10	酌情扣分		
	6	攻螺纹过程丝锥有断裂	20	断裂扣 20		
	7	套螺纹过程板牙有无损坏	10	损坏扣 20 分		
	8	能否准确配合	10	尺寸选择不对扣 20 分		
安全文明操作	9	遵守安全操作规程，正确使用工、夹、量具，操作现场整洁	5	有一项不符合要求扣 1 分，扣完为止		
	10	安全用电，防火，无人身、设备损坏	5	因违规造成人身及设备损害，此项为 0 分		
总分						

工作任务单

任务实施

1. 攻螺纹

（1）什么是攻螺纹？

答：＿＿＿＿＿＿＿＿＿＿＿＿＿＿＿＿＿＿＿＿＿＿＿＿＿＿＿＿＿＿。

（2）对于加工 M8 螺纹孔，$D_底 =$ ＿＿＿＿＿＿。如果攻不通孔，螺纹深度如何计算？

答：＿＿＿＿＿＿＿＿＿＿＿＿＿＿＿＿＿＿＿＿＿＿＿＿＿＿＿＿＿＿。

（3）在攻螺纹过程中如何保证螺纹孔与表面垂直？

答：＿＿＿＿＿＿＿＿＿＿＿＿＿＿＿＿＿＿＿＿＿＿＿＿＿＿＿＿＿＿。

（4）攻螺纹过程中是否存在以下问题？若存在，则分析是哪种原因所致。

①丝锥崩刃、折断。	是□	否□
a. 底孔直径小或深度不够；	是□	否□
b. 攻螺纹时没有经常倒转断屑，使切屑堵塞；	是□	否□
c. 用力过猛或两手用力不均；	是□	否□
d. 丝锥与底孔端面不垂直。	是□	否□
②螺纹烂牙。		
a. 底孔直径小或孔口未倒角；	是□	否□
b. 丝锥磨钝；	是□	否□
c. 攻螺纹时没有常倒转断屑。	是□	否□
③螺纹中径超差。		
a. 螺纹底孔直径选择不当；	是□	否□
b. 丝锥选用不当；	是□	否□
c. 攻螺纹时铰杠晃动。	是□	否□
④螺纹表面粗糙度超差。		
a. 工件材料太软；	是□	否□
b. 切削液选用不当；	是□	否□
c. 攻螺纹时铰杠晃动；	是□	否□
d. 攻螺纹时没有经常倒转断屑。	是□	否□

2. 套螺纹

（1）什么是套螺纹？

答：＿＿＿＿＿＿＿＿＿＿＿＿＿＿＿＿＿＿＿＿＿＿＿＿＿＿＿＿＿＿。

（2）套螺纹处圆杆直径的大小为＿＿＿＿＿＿＿＿＿＿。

（3）套螺纹过程中是否存在以下问题？若存在，则分析是哪种原因所致。

①板牙崩齿或磨损太快。	是□	否□
a. 底孔直圆杆直径偏大或端部未倒角；	是□	否□

b. 套螺纹时没有经常倒转断屑，使切屑堵塞；　　　是□　否□

c. 用力过猛或两手用力不均；　　　是□　否□

d. 板牙端面与圆杆轴线不垂直；　　　是□　否□

e. 圆杆硬度太高或硬度不均匀。　　　是□　否□

②螺纹烂牙。

a. 圆杆直径太大；　　　是□　否□

b. 板牙磨钝；　　　是□　否□

c. 强行矫正已套歪的板牙；　　　是□　否□

d. 套螺纹时没有经常倒转断屑；　　　是□　否□

e. 未正确使用切削液。　　　是□　否□

③螺纹中径超差。

a. 圆杆直径选择不当；　　　是□　否□

b. 板牙切入后仍施加进给力。　　　是□　否□

④螺纹表面粗糙度超差。

a. 工件材料太软；　　　是□　否□

b. 切削液选用不当；　　　是□　否□

c. 套螺纹时板牙架左右晃动；　　　是□　否□

d. 套螺纹时没有经常倒转断屑。　　　是□　否□

⑤螺纹歪斜。

a. 板牙端面与圆杆轴线不垂直；　　　是□　否□

b. 套螺纹时板牙架左右晃动。　　　是□　否□

3. 检测

螺纹孔有无歪斜：　　　是□　否□

螺纹牙型有无撕裂：　　　是□　否□

小榔头和锤头把能否配合：　　　是□　否□

4. 任务总结

根据所完成练习的情况，填写任务单表1。

任务单表1　任务总结表

序号	项目	内容
1	我学到的知识	1. 2.
2	还需要进一步提高的操作练习	1. 2.
3	存在疑问或者不懂的知识点	1. 2.
4	应该注意的问题	1. 2.

学习活动 6 斜面加工

知识目标

（1）进一步掌握划线分类及作用；
（2）进一步掌握锯削的加工范围和特点；
（3）进一步掌握锉削的加工范围和特点。

技能目标

（1）进一步掌握划线的方法；
（2）进一步掌握锯削的姿势和方法；
（3）进一步掌握锉削的姿势和方法；
（4）划线、锯削及锉削加工中的注意事项及问题的处理。

素质目标

（1）热爱科学，树立历史责任感；
（2）失败是成功之母。

任务描述

在锯削练习中，我们学习了平面的锯削，但在实际生活中，有很多的零件不仅仅是平面的，很多都是有斜面的，那么在我们面对有斜面的工件时，如何进行锯削呢？这就是我们今天要学习的，也是作为钳工必须掌握的技能。

本任务通过完成榔头斜面的加工（见图 1.69），进一步掌握划线、锯削以及锉削的加工方法及要求。

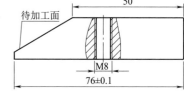

图 1.69　斜面加工示意图

知识准备

一、工量具准备

1. 万能角度尺

游标万能角度尺是用来测量工件内、外角度的量具，其测量精度有 2′ 和 5′ 两种，测量范围为 0°~320°，如图 1.70 所示。

1）游标万能角度尺的结构

游标万能角度尺主要由尺身、基尺、扇形板、游标、直角尺、直尺和卡块等组成。

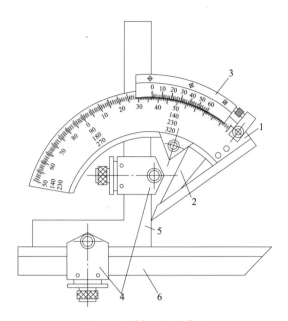

图 1.70　游标万能角度尺

1—尺身；2—基尺；3—游标；4—卡块；5—90°角尺；6—直尺

2）2′游标万能角度尺的刻线原理

2′游标万能角度尺尺身刻线每格为1°，游标共30格等分29°，游标每格为29°/30＝58′，尺身1格和游标1格之差为1°−58′＝2′，所以它的游标读数精度值为2′。

3）游标万能角度尺的读数方法

对游标万能角度尺进行读数时，先读出游标尺零刻度前面的整度数，再看游标尺第几条刻线和尺身刻线对齐，读出角度"′"的数值。最后两者相加就是测量角度的数值。

4）游标万能角度尺测量不同范围角度的安装方法

游标万能角度尺测量不同范围角度的安装方法共有四种，分别用于测量0°~50°、50°~140°、140°~230°、230°~320°，如图1.71所示。

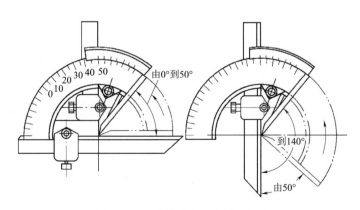

图 1.71　万能游标角度尺测量范围

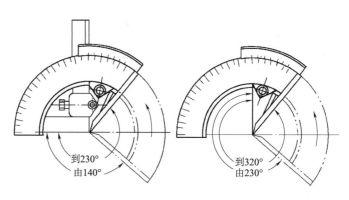

图 1.71　万能游标角度尺测量范围（续）

一、任务分析

本任务是利用锯削和锉削加工完成斜面的加工，通过练习学会利用正确的工具进行正确的操作，达到技术要求，并掌握锯削和锉削技能，同时培养学生吃苦耐劳、团结协作的精神。

二、任务准备

设备、材料及工、量具准备清单见表 1.18。

表 1.18　设备、材料及工、量具准备清单

序号	类型	名称	规格	数量	备注
1	设备	台虎钳	150 mm	1	
2		台钻	ZB512	1	
3		平板	2 000 mm×15 000 mm	1	
4		方箱	300 mm×300 mm×300 mm	1	
5		砂轮机	M3030	1	
6	材料	上一工序完成工件			
7	量具	卡尺	200 mm	1	
8		千分尺	各规格	1	
9		高度尺	0~300 mm	1	
10		万能角度尺	0°~320°	1	
11		百分表（代表架）	0~10 mm	1	
12		刀口角尺	125 mm	1	
13		直角尺	100 mm×63 mm	1	

续表

序号	类型	名称	规格	数量	备注
14	工具	锉刀	各规格	若干	根据任务选择
15		什锦锉	3 mm×140 mm（10 支装）	1	
16		锯弓	300 mm	1	
17		毛刷	—	—	
18		V 形块	—	1	
19		划针	—	1	
20		软钳口	—	1	
21		护目镜	—	1	

三、加工步骤

1. 划线

根据前面所学知识划线确定 L_1、L_2 和 L_3，如图 1.72 所示。

（1）根据图纸利用高度尺划出 3 mm 的线 L_1；

（2）根据图纸划出 76 mm 的线 L_2，L_1 和 L_2 相交确定出第一个点 C 点；

（3）根据图纸划出 50 mm 的线 L_3，L_2 和棱线相交确定出第二个点 D 点；

（4）连接 C 和 D 两点，确定出斜线位置。

2. 锯削加工

1）装夹工件

将工件倾斜装夹，使得锯缝垂直于钳工工作台，如图 1.73 所示。

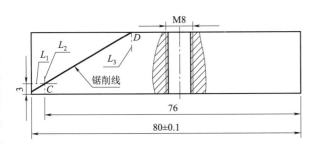

图 1.72　划线示意图

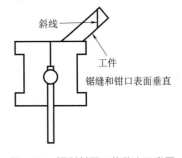

图 1.73　锯削斜面工件装夹示意图

2）锯削加工

留好加工余量，如图 1.74 所示，防止锯缝锯斜不满足加工需求，并沿着斜线将斜料去除。

具体的锯削方式同学习活动 2 下料。

3. 对锯削面锉削加工

锯削完成之后按照图纸要求对锯削面进行锉削加工。方法同学习活动 3 锉削长方体。

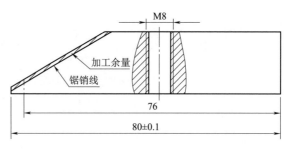

图 1.74　锯削余量

4. 保证总体尺寸

根据图 1.72 划出 76 mm 的线 L_2，去掉左侧余料，保证总体尺寸。

5. 检测及可能存在的问题

对照小榔头检测标准进行检测。

四、任务实施要点及注意事项

（1）注意起锯方法、起锯角度的正确性，以免锯条损坏。

（2）锯割速度不要过快，否则锯条容易磨钝。

（3）锯弓摆动幅度不要过大，姿势要自然。

（4）要注意锯缝的平直情况，及时借正。

（5）在锯割钢件时，可加些机油对锯条进行冷却润滑。

（6）锯割完毕，应将锯弓上张紧螺母适当放松，妥善放好。

（7）锯削时，应该留好锉削精加工的加工余量。

（8）锉削加工时，应该保证锉削面的平面度及与相邻边的垂直度。

五、任务评价

学生根据任务要求完成任务后，教师根据任务实施过程及完成情况对结果按照表 1.19 进行评价。

表 1.19　任务评价表

斜面加工						
				50		
				76±0.1		
	考评内容		分值	评分标准	得分	扣分原因
素养目标	1	培养学生吃苦耐劳的精神	5	在实践过程中能坚持完成任务		
	2	培养精益求精的工匠精神	5	能够顺利完成任务		

续表

	考评内容		分值	评分标准	得分	扣分原因
操作要点	3	划线方法是否正确	20	方法不当扣 20 分		
	4	锉削表面的平面度	20	按照平直度给分		
	5	总体尺寸 76 mm±0.1 mm	20	尺寸超过误差扣 20 分		
	6	斜面角度	20	尺寸超过误差扣 20 分		
安全文明操作	7	遵守安全操作规程，正确使用工、夹、量具，操作现场整洁	5	有一项不符合要求扣 1 分，扣完为止		
	8	安全用电，防火，无人身、设备损坏	5	因违规造成人身及设备损害，此项为 0 分		
总分						

工作任务单

学习过程

1. 确定斜线位置

简述如何确定斜线位置，并绘制示意图。

答：_____。

简图：

2. 锯削加工

（1）锯削完成后为了保证斜面平面度要求，需要对锯削面进行锉削加工，简述工件装夹方式。

答：_____。

（2）锯削加工时所选用的锉刀规格为 _____。

（3）斜面锯削时，不易起锯，应如何解决？

答：_____。

3. 精度检验

锉削完成后应该保证斜面的平面度以及与相邻大面的垂直度，应如何检验？

答：_____。

4. 高度检验

如何利用角度尺检验角度值是否满足要求？

答：_____。

锯削完成之后按照图纸要求对锯削面进行锉削加工。

5. 检测及可能存在的问题

对照小榔头检测标准进行检测。

6. 任务总结

根据所完成练习情况，填写任务单表1。

任务单表1　任务总结表

序号	项目	内容
1	我学到的知识	1. 2.
2	还需要进一步提高的操作练习	1. 2.
3	存在疑问或者不懂的知识点	1. 2.
4	应该注意的问题	1. 2.

 学习活动7　倒圆、倒角

知识目标

（1）进一步熟悉立体划线的方法；
（2）掌握各种型面的锉削方式；
（3）掌握利用钢字头标记的方法；
（4）强化钳工安全文明生产意识。

技能目标

（1）通过榔头上圆弧面、平面、斜面的锉削加工，掌握圆弧锉削、平面锉削及斜面锉削；
（2）能够利用钢字头进行标记。

素质目标

树立和谐发展观念。

任务描述

本任务主要是学习锉削加工操作，学会按照图 1.75 所示的图样要求完成倒角、圆弧面及斜面的加工，并完成小榔头修整及记号标记工作。

通过整个锉削工作的实施，学生能够学会观察图样，并能进行基本的分析，制定合理的锉削工艺流程；学会运用工具进行正确的操作，能达到技术要求并掌握锉削技能；同时培养学生自主分析、独立动手的能力，达到预期的教学目的。

图 1.75　圆角、倒角加工示意图

知识准备 NEWS

一、工量具准备

R 规，也叫 R 样板、半径规。R 规是利用光隙法测量圆弧半径的工具。测量时必须使 R 规的测量面与工件的圆弧完全的紧密接触，当测量面与工件的圆弧中间没有间隙时，工件的圆弧半径即为此时对应 R 规上所表示的数字。由于是目测，故准确度不是很高，只能作定性测量。每个量规上有五个测量点。

二、曲面锉削方式

1. 曲面锉削的应用

（1）配件。

（2）机械加工较为困难的曲面件，如凹凸曲面模具、曲面样板，以及凸轮轮廓曲面等的加工和修整。

（3）增加工件外形的美观性。

2. 曲面锉削方法

最基本的曲面是单一的外圆弧面和内圆弧面，掌握内、外圆弧面的锉削方法和技能是掌握各种曲面锉削的基础。

1）锉削外圆弧面的方法

锉削外圆弧面所用的锉刀可选用平锉，锉削时，锉刀要完成两个运动：前进运动和锉刀绕工件圆弧中心的转动。其方法有以下两种：

（1）顺着圆弧面锉（见图 1.76）。锉削时，锉刀向前，右手下压，左手随着上提。这种方法

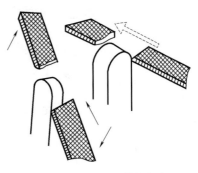

图 1.76　外圆弧面锉削方法

能使圆弧面锉削光洁圆滑，但锉削位置不易掌握且效率不高，故适用于精锉圆弧面。

（2）对着圆弧面锉。锉削时，锉刀做直线运动，并不断随圆弧面移动。这种方法锉削效率高，且便于按划线均匀锉削近似弧线，但只能锉成近似圆弧面的多棱形面，故适用于圆弧面的粗加工。

2）锉削内圆弧面的方法

锉削内圆弧面的锉刀可选用圆锉（圆弧半径较小时，如图 1.77 所示）、半圆锉、方锉（圆弧半径较大时）。锉削时锉刀要同时完成三个运动（见图 1.77），即前进运动、随圆弧面向左或向右移动、绕锉刀中心线转动，这样才能保证锉出的弧面光滑、准确。

图 1.77　内圆弧面锉削方法

3）锉削连接平面与曲面的方法

在一般情况下，应先加工平面，后加工曲面，以便于曲面与平面圆滑连接。如果先加工曲面后加工平面，则在加工与内圆弧面连接的平面时会由于锉刀侧面无依靠而产生左右移动，使已加工曲面损伤，同时连接处也不易锉得圆滑；而在加工与外圆弧面连接的平面时，圆弧不能与平面相切。

4）锉削球面的方法

锉削柱形工件端部的球面时，需完成三个运动：前进运动、锉刀绕球面球心的转动和圆周移动运动。锉刀要以直向和横向两种锉削运动结合进行，才能获得要求的球面，如图 1.78 所示。

3. 曲面线轮廓度的检查方法

在进行曲面锉削练习时，曲面线轮廓度可用曲面样板或半径样板在不偏离曲面中心的情况下通过塞尺或透光法进行检查，如图 1.79 所示。

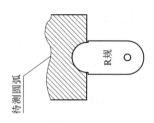

图 1.78　球面锉削　　　　图 1.79　R 规检验方式

任务实施

一、任务分析

本任务是利用锯削和锉削加工完成倒圆及倒角的加工,通过练习学会利用的工具进行正确的操作,达到技术要求,并掌握锯削和锉削技能,同时培养学生吃苦耐劳、团结协作的精神。

二、任务准备

设备、材料及工、量具准备清单见表 1.20。

表 1.20　设备、材料及工、量具准备清单

序号	类型	名称	规格	数量	备注
1	设备	台虎钳	150 mm	1	
2		台钻	ZB512	1	
3		平板	2 000 mm×15 000 mm	1	
4		方箱	300 mm×300 mm×300 mm	1	
5		砂轮机	M3030	1	
6	材料	上衣工序完成工件			
7	量具	卡尺	200 mm	1	
8		千分尺	各规格	1	
9		正弦规	100 mm×80 mm	1	
10		量块	83 块	1	
11		高度尺	0~300 mm		
12		R 规	$R1 \sim R6.5$ mm	1	
13		百分表(代表架)	0~10 mm	1	
14		刀口角尺	125 mm	1	
15		直角尺	100 mm×63 mm	1	
16	工具	锉刀	各规格	若干	
17		什锦锉	3 mm×140 mm(10 支装)	1	
18		圆锉	300 mm	1	
19		毛刷	—	—	
20		V 形块	—	1	
21		软钳口	—	1	
22		护目镜	—	1	

三、加工步骤

1. 划线

按照图纸要求,划出 16 mm、18 mm 和 20 mm 的线,如图 1.80 所示倒圆倒角划线位置中的虚线。

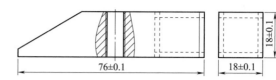

图 1.80 倒圆倒角划线位置

注意：在划线过程中分别找到对应的基准。

2. 锉削小圆弧

锉削小圆弧时应注意以下几项：

（1）工件的装夹方式，如图 1.81 所示。

（2）留好精锉余量，如图 1.82 所示。

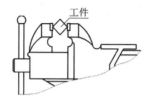
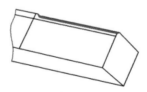

图 1.81 工件装夹方式 图 1.82 锉削小圆弧

（3）注意正确的加工工艺顺序。

3. 粗锉长边倒角

粗锉长边倒角，如图 1.83 所示，注意留好精锉余量。

4. 精锉长边与小圆弧

精锉长边与小圆弧，如图 1.84 所示。

图 1.83 粗锉长边倒角 图 1.84 精锉长边与小圆弧

5. 粗锉、精锉短边倒角

粗锉、精锉短边倒角，如图 1.85 所示，装夹时保证锉削平面和钳口平行。

6. 精锉四角

精锉四角，如图 1.86 所示，这是完成 $C2$ 倒角的全部锉削任务的最后一步。

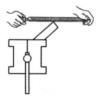

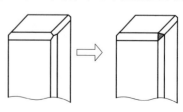

图 1.85 粗锉、精锉短边倒角 图 1.86 精锉四角

7. 去毛刺，完成倒圆、倒角加工

完成两个部位的加工，完成效果如图1.75所示。

8. 检验

利用半径规检验，选取规格为 $R1 \sim R6.5$ mm 的半径规，如图1.87所示，利用规格为 $R2$ mm 的样板通过塞尺或者透光法进行检验，测量方法如图1.88所示。

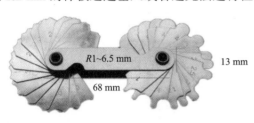

$R1 \sim 6.5$ mm

13 mm

68 mm

图1.87 $R1 \sim R6.5$ 半径规

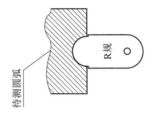

待测圆弧

R规

图1.88 R规检验内圆弧半径

9. 修整

用整形锉修整，去毛刺、倒钝。

10. 作标记

为了清楚地区分每一位同学制作的小榔头，可使用打字号字头将学号打印到制作好的小榔头上以作标记，要求能规范使用打号字头在工件上打印记号。

1）作标记的作用

作标记可用于零件编号，便于管理和指定加工部位等。

2）钢字头

常见的钢字头包括数字字头（见图1.89）、英文字头、特殊符号字头。

3）作标记的方法

首先将加工好的、需作标记的工件放在平的支撑上，如台虎钳的小平台上，作标记的方法和动作与打样冲眼一样，将字头对准所作标记的位置，并将字头立直，然后用锤子敲击字头顶端。

注意：不能在平板上敲击。

图1.89 数字打号字头

四、任务实施要点及注意事项

（1）注意划线方式正确。
（2）倒角和倒圆时锉刀选择正确，倒圆、倒角时应45°装夹工件。
（3）装夹工件时垫好铜皮，防止夹伤工件。
（4）锯削时应该留好精锉加工余量。

五、任务评价

学生根据任务要求完成任务后，教师根据任务实施过程及完成情况对结果按照表1.21进行评价。

表 1.21　任务评价表

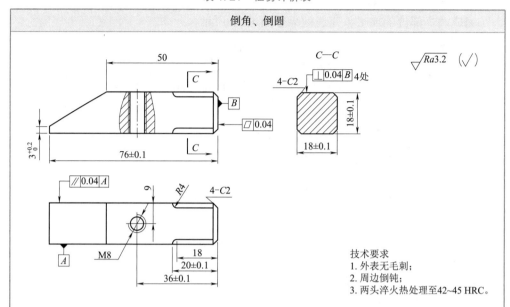

倒角、倒圆

技术要求
1. 外表无毛刺;
2. 周边倒钝;
3. 两头淬火热处理至42~45 HRC。

		考评内容	分值	评分标准	得分	扣分原因
素养目标	1	培养学生理论联系实际的意识	5	在实践过程中能准确使用相关理论知识解决实际问题		
	2	树立和谐发展观念	5	理解和谐发展的意义		
操作要点	3	圆弧面加工方法是否正确	5	方法不正确扣5分		
	4	锉削时工件的夹持是否正确合理	10	工件夹持不当扣10分		
	5	划线方法是否正确	15	一处缺失扣1分，扣完为止		
	6	能否正确使用半径规	10	不能正确使用扣10分		
	7	倒角是否正确（8处）	16	1处倒角不正确扣2分		
	8	$R4$ mm（4处）	8	1处倒圆不正确扣2分		
	9	$C2$（8处）	8	1处倒角不正确扣1分		
	10	有无钢字头做标记	8	尺寸超过误差扣5分		
安全文明操作	11	遵守安全操作规程，正确使用工具、夹具、量具，操作现场整洁	5	有一项不符合要求扣1分，扣完为止		
	12	安全用电，防火，无人身、设备损坏	5	因违规造成人身及设备损害此项为0分		
总分						

工作任务单

学习过程

（1）圆弧面锉削和平面锉削二者有何异同？

答：_____。

（2）选用何种方式及工具对圆弧面进行加工？

答：_____。

（3）在圆弧加工过程中立体划线和平面划线有何异同？

答：_____。

（4）根据照图纸要求绘制划线示意图，并简述划线的基准。

答：_____。

示意图：

（5）锉削长边倒角以及倒圆时，应该保证二者相切，简述具体加工方式。

答：_____。

（6）粗锉、精锉短边倒角。

粗锉、精锉短边倒角，如图 1.85 所示，应如何装夹？

答：_____。

（7）精锉四角。

精锉四角，如图 1.86 所示，检查确认：是□　　否□。

（8）检验。

利用半径规检验，选取规格为：_____，检测方法为：_____。

（9）为使得小榔头各面光滑美观，应使用纱布进行抛光处理。

（10）将自己的学号利用钢字头打在小榔头表面作标记。

注意：不能在平板上敲击。

（11）是否违规：是□　　否□。

（12）检测及可能存在的问题。

对照小榔头检测标准进行检测。

（13）任务总结。

根据所完成练习的情况，填写任务单表1。

任务单表1　任务总结表

序号	项目	内容
1	我学到的知识	1. 2.
2	还需要进一步提高的操作练习	1. 2.
3	存在疑问或者不懂的知识点	1. 2.
4	应该注意的问题	1. 2.

学习活动8　项目总结与评价

能力目标

（1）能自信地展示自己的作品，讲述自己作品的优势和特点，并能采用多种形式进行成果展示；

（2）能倾听别人对自己作品的点评；

（3）能听取别人的建议并加以改进。

素质目标

（1）复盘思维；

（2）斯坦纳定理；

（3）团结协作。

一、成品检测

按照表1.22所示小榔头检测标准再次对加工质量进行检验，并填写表格。

表1.22　小榔头检测标准

序号	项目与技术要求	配分	自检结果	实测结果	得分
1	尺寸要求(18×18)mm±0.1 mm（2处）	4×2			
2	尺寸76 mm±0.1 mm	4			
3	∥ 0.04 B （2处）	2×2			

续表

序号	项目与技术要求	配分	自检结果	实测结果	得分
4	$\perp$ 0.04 A （4组）	3×4			
5	$\square$ 0.04 （6处）	2×6			
6	$R4$ mm 倒圆尺寸正确（4处）	2×4			
7	$C2$ 倒角尺寸正确（8处）	1×8			
8	$R4$ mm 圆弧与斜面连接圆滑（4处）	1×4			
9	尺寸 36 mm±0.1 mm	4			
10	斜面无划痕，交线为直线	4			
11	舌沿厚度 $3^{+0.20}_{0}$ mm	5			
12	工作面 B 接触斑点在 75% 以上	5			
13	操作姿势正确	4			
14	倒角均匀，各棱线清晰	5 （每一棱线不合要求扣1分）			
15	表面粗糙度 $Ra \leqslant 3.2$ μm	3			
16	安全技术与文明生产	10			
17	合计	100			

二、个人总结

（1）在加工过程中你遇到了哪些问题？是如何克服的？

答：_____

_____

_____

_____ 。

（2）现在假如要求你将自己加工的产品在小组内展示，请写出成果展示方案。

答：_____

_____

_____

_____ 。

（3）写出工作总结和评价，并完成自评表 1.23。

答：_____

_____

_____

_____ 。

评价与分析

活动过程评价自评表见表1.23。

表1.23 活动过程评价自评表

班级	组别	姓名	学号	日期	年 月 日		
评价指标	评价要素			权重	等级评定		
					A	B	C	D
信息检索	能利用网络资源、工作手册查找有效信息			5%				
	能用自己的语言有条理地去解释、表述所学知识			5%				
	能将查找到的信息有效转换到工作中			5%				
感知工作	是否熟悉工作岗位、认同工作价值			5%				
	在工作中是否获得满足感			5%				
参与状态	与教师、同学之间是否相互尊重、理解、平等			5%				
	与教师、同学之间是否能够保持多向、丰富、适宜的信息交流			5%				
	探究学习,自主学习不流于形式,处理好合作学习和独立思考的关系,做到有效学习			5%				
	能提出有意义的问题或能发表个人见解,能按要求正确操作,能够倾听、协作分享			5%				
	积极参与,在产品加工过程中不断学习,提高综合运用信息技术的能力			5%				
学习方法	工作计划、操作技能是否符合规范要求			5%				
	是否获得了进一步发展的能力			5%				
工作过程	遵守管理规程,操作过程符合现场管理要求			5%				
	平时上课的出勤情况和每天完成工作任务的情况			5%				
	善于多角度思考问题,能主动发现、提出有价值的问题			5%				
思维状态	是否能发现问题、提出问题、分析问题、解决问题、创新问题			5%				
自评反馈	按时按质地完成工作任务			5%				
	较好地掌握了专业知识点			5%				
	具有较强的信息分析能力和理解能力			5%				
	具有较为全面、严谨的思维能力,并能条理明晰地表述成文			5%				
自评等级								
有益的经验和做法								
总结反思建议								

等级评定:A:好　　B:较好　　C:一般　　D:有待提高

三、展示评价

把个人制作好的制件先进行分组展示，再由小组推荐代表作必要的介绍。在展示的过程中，以组为单位进行评价；评价完成后，根据其他组成员对本组展示的成果评价意见进行归纳总结并完成表 1.24。主要评价项目如下：

（1）展示的产品符合技术标准吗？（其他组填写）

合格□　　　　　　　不良□　　　　　　　返修□　　　　报废□

（2）与其他组相比，本小组的产品工艺是否合理？（其他组填写）

工艺优化□　　　　　工艺合理□　　　　　工艺一般□

（3）本小组介绍成果表达是否清晰？（其他组填写）

很好□　　　　　　　一般，常补充□　　　不清晰□

（4）本小组演示产品检测方法操作是否正确？（其他组填写）

正确□　　　　　　　部分正确□　　　　　不正确□

（5）本小组演示操作时是否遵循了 6S 的工作要求？（其他组填写）

符合工作要求□　　　忽略了部分要求□　　完全没有遵循□

（6）本小组的成员团队创新精神如何？（其他组填写）

良好□　　　　　　　一般□　　　　　　　不足□

（7）总结本次任务，本组是否达到学习目标？本组的建议是什么？你给予本组的评分是多少？（个人填写）

答：＿＿＿＿＿＿＿＿＿＿＿＿＿＿＿＿＿＿＿＿＿＿＿＿＿＿＿＿＿＿＿＿＿

＿＿＿＿＿＿＿＿＿＿＿＿＿＿＿＿＿＿＿＿＿＿＿＿＿＿＿＿＿＿＿＿＿＿＿＿＿

＿＿＿＿＿＿＿＿＿＿＿＿＿＿＿＿＿＿＿＿＿＿＿＿＿＿＿＿＿＿＿＿＿＿＿＿＿

＿＿＿＿＿＿＿＿＿＿＿＿＿＿＿＿＿＿＿＿＿＿＿＿＿＿＿＿＿＿＿＿＿＿＿＿＿

＿＿＿＿＿＿＿＿＿＿＿＿＿＿＿＿＿＿＿＿＿＿＿＿＿＿＿＿＿＿＿＿＿＿＿＿＿

＿＿＿＿＿＿＿＿＿＿＿＿＿＿＿＿＿＿＿＿＿＿＿＿＿＿＿＿＿＿＿＿＿＿＿＿＿

＿＿＿＿＿＿＿＿＿＿＿＿＿＿＿＿＿＿＿＿＿＿＿＿＿＿＿＿＿＿＿＿＿＿＿＿＿

＿＿＿＿＿＿＿＿＿＿＿＿＿＿＿＿＿＿＿＿＿＿＿＿＿＿＿＿＿＿＿＿＿＿＿＿＿

＿＿＿＿＿＿＿＿＿＿＿＿＿＿＿＿＿＿＿＿＿＿＿＿＿＿＿＿＿＿＿＿＿＿＿＿＿

＿＿＿＿＿＿＿＿＿＿＿＿＿＿＿＿＿＿＿＿＿＿＿＿＿＿＿＿＿＿＿＿＿＿＿＿＿

＿＿＿＿＿＿＿＿＿＿＿＿＿＿＿＿＿＿＿＿＿＿＿＿＿＿＿＿＿＿＿＿＿＿＿＿＿

＿＿＿＿＿＿＿＿＿＿＿＿＿＿＿＿＿＿＿＿＿＿＿＿＿＿＿＿＿＿＿＿＿＿＿＿＿

＿＿＿＿＿＿＿＿＿＿＿＿＿＿＿＿＿＿＿＿＿＿＿＿＿＿＿＿＿＿＿＿＿＿＿＿＿

学生：（签名）＿＿＿＿＿＿＿＿＿＿　　　　　＿＿＿＿年＿＿＿月＿＿＿日

表 1.24　活动过程评价互评表（组长填写）

班级		组别		姓名		学号		日期	年　月　日		
评价指标	评价要素							权重	等级评定		
									A	B	C	D
信息检索	能利用网络资源、工作手册查找有效信息							5%				
	能用自己的语言有条理地去解释、表述所学知识							5%				
	能将查找到的信息有效地转换到工作中							5%				
感知工作	是否熟悉自己的工作岗位、认同工作价值							5%				
	在工作中是否获得满足感							5%				
参与状态	与教师、同学之间是否相互尊重、理解、平等							5%				
	与教师、同学之间是否能够保持多向、丰富、适宜的信息交流							5%				
	能处理好合作学习和独立思考的关系，做到有效学习							5%				
	能提出有意义的问题或能发表个人见解，能按要求正确操作，能够倾听、协作分享							5%				
	积极参与，在产品加工过程中不断学习，综合运用信息技术的能力提高很大							5%				
学习方法	工作计划、操作技能是否符合规范要求							5%				
	是否获得了进一步发展的能力							5%				
工作过程	是否遵守管理规程，操作过程是否符合现场管理要求							5%				
	平时上课的出勤情况和每天完成工作任务的情况							5%				
	是否善于多角度思考问题，能主动发现、提出有价值的问题							5%				
思维状态	是否能发现问题、提出问题、分析问题、解决问题、创新问题							5%				
自评反馈	能严肃、认真地对待自评，并能独立完成自测试题							10%				
自评等级												
简要评述												

等级评定：A：好　　　B：较好　　　C：一般　　　D：有待提高

四、教师对展示的作品分别作评价

活动过程教师评价表见表 1.25。

表 1.25　活动过程教师评价表（教师填写）

班级		组别	姓名	学号	权重	评价
知识策略	知识吸收	能设法记住要学习的东西			3%	
		使用多样性手段，通过网络、技术手册等收集到较多有效信息			3%	
	知识构建	自觉寻求不同工作任务之间的内在联系			3%	
	知识应用	将学习到的东西应用到解决实际问题中			3%	
工作策略	兴趣取向	对课程本身感兴趣，熟悉自己的工作岗位，认同工作价值			3%	
	成就取向	学习的目的是获得高水平的成绩			3%	
	批判性思考	谈到或听到一个推论或结论时，会考虑到其他可能的答案			3%	
管理策略	自我管理	若不能很好地理解学习内容，会设法找到该任务相关的其他资讯			3%	
	过程管理	正确回答材料和教师提出的问题			3%	
		能根据提供的材料、工作页和教师指导进行有效学习			3%	
		针对工作任务，能反复查找资料、反复研讨，编制有效的工作计划			3%	
		在工作过程中留有研讨记录			3%	
		团队合作中主动承担并完成任务			3%	
	时间管理	有效组织学习时间和按时按质完成工作任务			3%	
	结果管理	在学习过程中有满足、成功与喜悦等体验，对后续学习更有信心			3%	
		根据研讨内容，对讨论知识、步骤、方法进行合理的修改和应用			3%	
		课后能积极有效地进行自我反思，总结学习的长、短之处			3%	
		规范撰写工作小结，能进行经验交流与工作反馈			3%	
过程状态	交往状态	与教师、同学之间交流语言得体，彬彬有礼			3%	
		与教师、同学之间保持多向、丰富、适宜的信息交流和合作			3%	
	思维状态	能用自己的语言有条理地去解释、表述所学知识			3%	
		善于多角度思考问题，能主动提出有价值的问题			3%	
	情绪状态	能自我调控好学习情绪，能随着教学进程或解决问题的全过程而产生不同的情绪变化			3%	
	生成状态	能总结当堂学习所得或提出深层次的问题			3%	
	组内合作过程	分工及任务目标明确，并能积极组织或参与小组工作			3%	
		积极参与小组讨论并能充分地表达自己的思想或意见			3%	
	组际总结过程	能采取多种形式展示本小组的工作成果，并进行交流反馈			3%	
		对其他组学生所提出的疑问能做出积极有效的解释			3%	
		认真听取其他组的汇报发言，并能大胆地质疑或提出不同意见或建议			3%	
	工作总结	规范撰写工作总结			3%	
自评	综合评价	按照"活动过程评价自评表"，严肃认真地对待自评			5%	
互评	综合评价	按照"活动过程评价互评表"，严肃认真地对待互评			5%	
总评等级						
建议		评定人：(签名)　　　　　年　　月　　日				

等级评定：A：好　　B：较好　　C：一般　　D：有待提高

项目二　机用虎钳的制作

　　某师傅在生产过程中发现缺少一个机用虎钳来夹持工件，根据实际需要设计了小虎钳的加工零件图，但考虑到车间生产较忙，而且只需要加工一个小虎钳，所以采用钳工的方法来完成。如图2.1所示，现在把任务安排给你，要求通过手工操作来完成该小虎钳的制作。

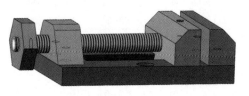

图 2.1　小虎钳三维图

培养目标

1. 知识目标

（1）掌握常用工、量具的使用方法；

（2）掌握复杂的平面划线、锯削、锉削和錾削等平面加工方法；

（3）掌握钻孔、铰孔及螺纹加工方法；

（4）掌握钳工常用设备及工具的正确使用和维护；

（5）掌握复杂手工制件的修配加工。

2. 能力目标

（1）着重掌握钳工加工基本技能，能按图进行基本的钳工加工；

（2）会识读专业范围内的一般机械图；

（3）能正确调试、维护和使用钳工的简单设备及常用工、量、夹具；

（4）进一步掌握钳工的基本操作方法。

3. 素质目标

（1）团队协作：能与人为善，能顾及他人想法，能通过团队协作完成任务；

（2）身心健康：具备积极的态度、强烈的责任心和浓厚的工作兴趣，有较好的社会角色适应性，行为举止符合职业特点和社会规范；

（3）交流沟通：能采取合适的方式、方法与人交流，具有较好的亲和力；

（4）吃苦耐劳：通过手工加工与检测养成吃苦耐劳和精益求精的作风。

学习准备

　　零件图、装配图、工量具、板料、实训教材等。

学习过程

根据实训要求完成如表 2.1 中所列出学习活动对应的工作任务。

表 2.1　任务点清单

序号	学习活动	考核点
1	阅读任务单，明确加工要求	加工工艺顺序
2	六边形手轮的制作	零件质量及任务完成情况
3	底板导轨的制作	零件质量及任务完成情况
4	活动钳身的加工	零件质量及任务完成情况
5	固定钳身的加工	零件质量及任务完成情况
6	固定块的加工（课外任务）	零件质量及任务完成情况
7	项目总结与评价	完成工作总结及评价

学习活动 1　阅读任务单，明确加工要求

知识目标

（1）能正确识读装配图及加工工艺卡，明确加工步骤；

（2）了解钳工的一些安全文明生产知识。

技能目标

（1）能按照规定领取工作任务；

（2）能识读装配图及零件图，并说出图样中的形状、尺寸、表面粗糙度、公差、材料等信息，指出各信息的意义；

（3）能抄画小虎钳装配图；

（4）能正确识读和制定加工工艺卡，明确加工步骤；

（5）能说出 6S 管理规范的主要内容。

素质目标

（1）交流沟通；

（2）树立安全意识。

任务描述

学生在接受老师指定的工作任务后，了解工作场地的环境、设备管理要求，穿着符合劳保要求的服装，在老师的指导下读懂图纸，正确理解加工工艺步骤。

任务实施

一、任务分析

本任务主要对学生有以下要求：

（1）能读懂生产任务单并通过独立查阅资料获取虎钳的功能，零件的组成，工件材料的牌号、用途、分类、性能等信息。

（2）能识读虎钳各组成零件的图样，明确其几何形状信息及加工要求。

（3）能读懂图纸，正确理解并分析加工工艺步骤。

二、任务准备

设备、材料及工、量具准备清单见表2.2。

表2.2　设备、材料及工、量具准备清单

序号	类型	名称	规格	数量	备注
1	设备	台虎钳	150 mm	1	
2		台钻	—	1	
3		平板	—	1	
4		方箱	—	1	
5		砂轮机	—	1	
6	材料	①手轮：ϕ36 mm，厚 14 mm ②底板导轨：102 mm×62 mm×10 mm ③活动钳身：62 mm×32 mm×15 mm ④固定钳身：62 mm×22 mm×15 mm	45 钢	1	
7	量具	卡尺	200 mm	1	
8		千分尺	各规格	1	
9		塞尺	0.02~1 mm	1	
10		正弦规	100 mm×80 mm	1	
11		量块	83 块	1	
12		高度尺	0~300 mm	1	
13		刀口角尺	100 mm×63 mm	1	
14		直角尺	125 mm	1	0 级
15	工具	锉刀	各规格	若干	根据任务选择
16		锯弓	300 mm	1	
17		毛刷	—	—	
18		錾子	—	1	
19		样冲	—	1	
20		划针	—	1	
21		软钳口	—	1	
22		护目镜	—	1	

三、任务实施要点及注意事项

（1）阅读图纸，分析工艺。
（2）根据任务要求，完成工、量具的现场准备。
（3）严格按照任务要求，完成指定工作。

四、任务评价

学生根据任务要求完成任务后，教师根据任务实施过程及完成情况对结果按照表2.3进行评价。

表2.3　任务评价表

序号	考评内容	分值	评分标准	得分	扣分原因
1	劳保用品穿戴整齐，着装符合要求	10	穿着不符合要求扣10分		
2	及时完成老师布置的任务	20	未完成扣20分		
3	任务完成情况	20	未完成扣20分		
4	与同学之间能相互合作	20	酌情扣分		
5	能严格遵守作息时间	20	酌情扣分		
6	安全文明操作	10	违章操作扣10分		
总分					

工作任务单

一、阅读完成生产任务单

根据任务完成任务单表1的填写，明确工作任务，并完成下列问题。

任务单表1　小虎钳加工任务单

开单部门：＿＿＿＿＿		任课教师：＿＿＿＿＿		开单时间：＿＿＿＿＿	
姓　　名：＿＿＿＿＿		班　　级：＿＿＿＿＿		学　　号：＿＿＿＿＿	
以下有由指导教师填写					
序号	产品名称	材料	数量	技术标准、质量要求	
1	小虎钳	45钢		按图样要求	
任务细则	1. 根据项目图纸要求，到仓库领取相应的材料。 2. 根据加工要求选用合适的工、量具和设备，并检查工、量具是否齐全。 3. 根据加工工艺进行加工，交付检验。 4. 填写生产任务单，清理工作场地，完成工、量具及设备的维修和保养				
任务类型			完成工时		

续表

以下有由学生本人和指导教师填写		
领取材料		实训室管理员（签名）
领取工量具		年　月　日
完成质量（小组评价）		班长（签名） 年　月　日
用户意见（教师评价）		用户（签名） 年　月　日
改进措施（反馈改良）		

注：生产任务单、装配图及零件图样、工艺卡一起领取

（1）请根据生产任务单，明确产品名称、制作材料、零件数量和完成时间。

产品名称：＿＿＿＿＿＿＿＿　　制作材料：＿＿＿＿＿＿＿＿

零件数量：＿＿＿＿＿＿＿＿　　完成时间：＿＿＿＿＿＿＿＿

（2）按照填写好的生产任务单（或领料单），分小组从指导教师处领取毛坯和相应的辅具，并检查是否能用和够用。

答：＿＿＿＿＿＿＿＿＿＿＿＿＿＿＿＿＿＿＿＿＿＿＿＿＿＿＿＿＿＿＿＿＿

（3）完成现场准备，参照 6S 管理规范，对毛坯、工具和量具进行摆放。

二、请阅读并制定加工工艺卡

阅读底板导轨图纸，完成底板导轨工艺卡的制定（见任务单表2），并思考小虎钳其他零件的加工工艺卡如何制定。

任务单表2　底板导轨加工工艺卡

×××学院		加工工艺卡		产品名称		底板导轨	
材料种类		材料成分		毛坯尺寸	见备料图	共　页	
工序	工序名称	工序内容		工具		计划工时	实际工时
1	锉削外围尺寸						
2	孔加工						

工序	工序名称	工序内容	工具	计划工时	实际工时
3	U形槽加工				
4	燕尾导轨加工				
5	热处理（课外拓展项目）				
	更改号		拟定	校正	审核	批准
更改者						
日期						

三、分析工艺卡，明确需要用到的工具

（1）阅读工艺卡，确定小虎钳底板导轨制作需要用到的工具和辅具，并填写任务单表3，将需要领取的工具填写到生产任务单的相应位置，并画出工艺卡中各工序内容对应的工序简图。

任务单表3　工序同所用工具对应表

序号	工序名称	所需工、量具	用途	工序简图
1				
2				
3				
4				
5				
6				
7				
8				

学习活动 2　六边形手轮的制作

知识目标

（1）掌握六边形的加工方法，并达到一定的锉削精度；
（2）掌握角度样板与分度盘的使用和测量方法；
（3）掌握正确的攻螺纹方法及丝锥的刃磨方法；
（4）掌握锪孔的概念、形式和作用；
（5）了解锪孔的种类、特点及操作要点。

技能目标

（1）能够达到较高的锉削精度；
（2）会用角度尺以及分度盘划 120°线；
（3）能够完成螺纹加工及丝锥的刃磨；
（4）能利用锪钻进行孔口倒角。

素质目标

（1）深化对中国传统文化的认知；
（2）培养学生的团结协作精神。

任务描述

　　图 2.2 所示为六边形手轮加工图样，加工后对边尺寸为 30 mm。本次任务将选择合适的加工工具和量具对圆钢进行手工加工，并达到图样所示的要求。在加工过程中进一步学习角度划线、锯削等钳工技能，并注意工、量具的正确使用。

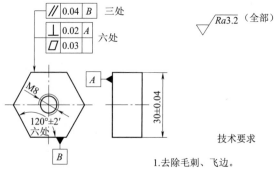

图 2.2　六边形手轮加工图样

一、角度（120°）划线

1. 角度样板

样板划线法是指根据工件形状和尺寸要求将加工成形的样板放在毛坯适当的位置上划出加工界限的方法。

可以利用120°的角度样板划线，完成120°线的绘制，如图2.3所示。

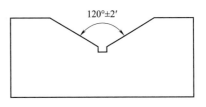

图2.3　角度样板

2. 分度头划线

分度头是铣床附件，主要用作等分圆周，如图2.4所示。钳工在划线时也经常要用分度头对工件进行等分圆周划线。

分度头分度的方法：分度盘不动，转动分度头心轴上的手柄，经过蜗轮蜗杆传动进行分度。

由于蜗轮蜗杆的传动比是1/40，因此工件转过一个等分点时分度头手柄转过的转数 n 可由式（2.1）计算得出：

$$n = 40/z \qquad (2.1)$$

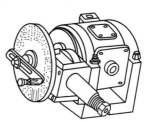

图2.4　分度头

式中　n——在工件转过每一等分点时，分度头手柄应转
　　　　过的转数；

　　　z——工件的等分数。

二、锪孔

用锪孔钻（或经改制的钻头）对工件孔口进行型面加工的操作，称为锪孔。常见锪孔钻的种类及结构特点如下。

1. 柱形锪钻

柱形锪钻主要用于锪圆柱形埋头孔，其结构如图2.5所示。柱形锪钻前端结构有带导柱、不带导柱和带可换导柱之分。

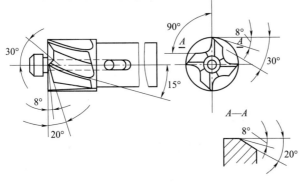

图2.5　柱形锪钻

2. 锥形锪钻

锥形锪钻主要用于锪锥形埋头孔，其结构如图 2.6 所示。锥形锪钻的锥角按工件的不同加工要求，分为 60°、75°、90°、120°四种。

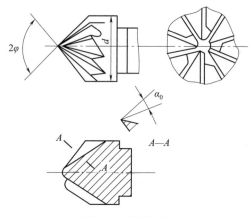

图 2.6 锥形锪钻

3. 端面锪钻

端面锪钻专门用于锪平孔口的端面，如图 2.7 所示。

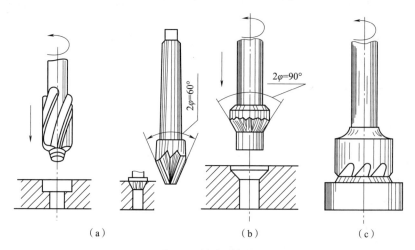

（a）　　　　　　　　　（b）　　　　　　　　　（c）

图 2.7 锪孔的应用

（a）锪圆柱埋头孔；（b）锪锥形埋头孔；（c）锪孔口和凸台平面

三、丝锥的刃磨

当丝锥的切削部分磨损时，可刃磨其后刀面，如图 2.8 所示。在刃磨时，注意保持各刃瓣的半锥角 φ，以及切削部分长度的准确性和一致性。在转动丝锥时要留心，不要使另一刃瓣的刀齿碰擦磨坏。当丝锥的校准部分磨损时，可刃磨其前刀面：在磨损较少时，可用油石研磨其前刀面；在磨损较严重时，可用棱角被修圆的片状砂轮刃磨，并控制好一定的前角 γ_0，如图 2.9 所示。

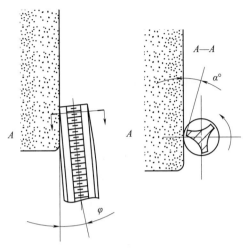

图 2.8　修磨丝锥后面

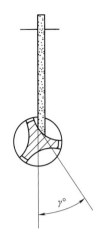

图 2.9　修磨丝锥前面

四、平行度及平面度的检验

小型零件可用百分表检查平行度和平面度，如图 2.10 所示。

打表测量法是将被测零件和百分表放在标准平板上，以标准平板作为测量基准面，用百分表沿实际表面逐点或沿几条直线方向进行测量。打表测量法按评定基准面分为三点法和对角线法：三点法是用被测实际表面上相距最远的三点所决定的理想平面作为评定基准面，实测时先将被测实际表面上相距最远的三点调整到与标准平板等高；对角线法实测是先将实际表面上的四个角点按对角线调整到两

图 2.10　用表分表检查平行度

两等高，然后用百分表进行测量，百分表在整个实际表面上测得的最大变动量即为该实际表面的平面度误差。

除了百分表打表测量平面度外，还包括平晶干涉法、液平面法、光束平面法和刀口尺测量法，等等。

任务实施

一、任务分析

本任务主要是利用锉削等完成六边形手轮的加工；介绍 120° 划线方法，使学生了解角度线的划法；通过练习学会利用锉刀进行正确的锯削操作，提高锉削精度；同时培养学生吃苦耐劳、团结协作的精神。

从零件图中可以看出，零件总长是 30 mm，锯削加工过程中选择 ϕ30 mm 的棒料进行加工。

二、任务准备

设备、材料及工、量具准备清单见表2.4。

表2.4 设备、材料及工、量具准备清单

序号	类型	名称	规格	数量	备注
1	设备	台虎钳	150 mm	1	
2		台钻	ZB512	1	
3		平板	2 000 mm×15 000 mm	1	
4		方箱	300 mm×300 mm×300 mm	1	
5		砂轮机	M3030	1	
6	材料	备料图（Q235）数量1			
7	量具	卡尺	200 mm	1	
8		千分尺	各规格	1	
9		120°角度样板	0.02~1 mm	1	
10		高度尺	0~300 mm	1	
11		万能角度尺	0°~320°	1	
12		百分表（带表架）	0~10 mm	1	
12		刀口角尺	125 mm	1	
14		直角尺	100 mm×63 mm	1	
15	工具	锉刀	各规格	若干	根据任务选择
16		锯弓	300 mm	1	
17		毛刷	—	—	
18		V形块	—	1	
19		样冲	—	1	
20		划针	—	1	
21		软钳口	—	1	
22		护目镜	—	1	

三、相关工艺步骤

1. 分析图样，检查工件毛坯

1）分析图样

六边形手轮的技术要求（如图2.2所示）：六个内角相等；六个面垂直于基准面 A；攻螺纹牙面光滑均匀，无崩裂；六边等长，允许公差 0.1 mm。

2）检查毛坯

（1）擦掉毛坯的机油、锈迹并去除毛刺。

（2）用钢直尺检查外形尺寸是否有足够的加工余量。

（3）检查外形精度误差是否过大。

2. 整理外形

（1）毛坯外形尺寸符合要求（36 mm×14 mm），先修整 A 面作为基准面，再加工平行面，使尺寸达到图纸要求。

（2）面 A 是加工其他小面的第一个基准面，精度要求比较高，如图 2.11 所示。

3. 加工过程

1）加工面 1

已知六边形手轮的毛坯料外形尺寸是 36 mm，由于六边形手轮是具有对称性，故先加工面 1，单边粗锉加工 3 mm（见图 2.12），以刀口角尺控制平面度和垂直度，并且用游标卡尺测量控制尺寸（33±0.04）mm。

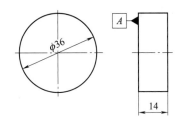

图 2.11　毛坯料外形尺寸

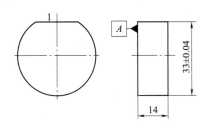

图 2.12　加工步骤 1

2）加工面 2

在面 1 加工完成并达到要求后，以面 1 为基准，先将工件放到划线平板上，用高度划线尺划出 30 mm 高度线条，然后锉削加工到划线处作为面 2（见图 2.13），再精加工达到平面度及与大面 A 的垂直度，且与面 1 达到平行度要求，用游标卡尺控制尺寸达到（30±0.04）mm。

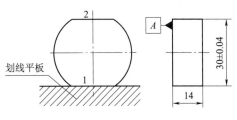

图 2.13　加工步骤 2

3）加工面 3

采用与面 1 相同的加工方法来加工面 3（见图 2.14），先用 120°角度样以面 1 作为基准划面 3 加工参考线，进行粗加工，再用刀口角度控制平面度和与大面 A 的垂直度，再以面 1 作为基准，用角度样板控制面 1 与面 3 之间形成的角度 120°±2′，如图 2.14 所示，并注意用游标卡尺测量控制尺寸 33 mm。

4）加工面 4

面 4 的加工和测量与面 3 相同（见图 2.15），注意控制平面度、垂直度及角度 120°+2′，并且用游标卡尺控

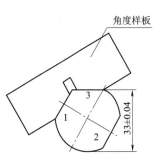

图 2.14　加工步骤 3

制平行度和测量尺寸（30+0.04）mm ，如图 2.13 所示。

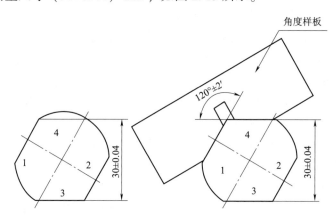

图 2.15 加工步骤 4

5）加工面 5、6

面 5、面 6 的加工和测量方法与面 3、面 4（见图 2.16）相同，采用角度样板测量角度 120°±2′和游标卡尺测量控制平行度及测量尺寸（30+0.04）mm，最终形成正六方体。

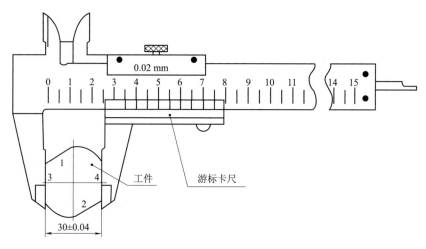

图 2.16 加工面 3、 4 的尺寸测量

6）孔加工和倒角

在六个面达到要求后，用钢直尺对正六方体将对角相连接（见图 2.17），三线相交点即为中心，用样冲定出中心眼，并用划规划出 ϕ8 mm 检测圆。最后去除毛刺、倒棱，全部精度复查。

7）攻螺纹

（1）由图样可知，要攻出 M8 的螺纹孔，因为是钢料，故底孔直径可用下列经验公式计算：

图 2.17 孔加工示意图

$$D = d - P$$

式中　D——底孔直径，mm；

　　　d——螺纹大径，mm；

　　　P——螺距，mm。

查表可知 M8 的螺距 $P = 1.25$ mm，即底孔直径为

$$D = d - P = 10 - 1.25 \approx 6.8 \text{（mm）}$$

选用 $\phi 6.8$ mm 麻花钻头对工件进行钻孔，然后再用 90°锪孔钻对底孔锪孔，深度约为 1.5 mm，通孔两端要锪孔，以便于丝锥切入，并可防止孔口的螺纹崩裂。

四、任务实施要点及注意事项

（1）一些不正确的姿势动作要完全纠正。

（2）为保证加工表面光洁，在锉削钢件时必须经常用钢丝刷清除嵌入锉刀齿纹内的锉屑，并在齿面上涂上粉笔灰。

（3）为便于掌握加工各面时的粗锉余量情况，加工前可在加工面两端按划线位置用锉刀倒出加工余量的倒角。

（4）在加工时要防止片面性，不要为了取得平面度精度而影响了尺寸公差和角度精度，为了锉正角度而忽略了平面度和平行度，或为了减小表面粗糙度而忽略了其他。总之在加工时要达到全面精度要求。

（5）掌握好在加工六角体时常会出现的形位误差和产生原因，以便在练习时加以注意。

①同一面上两端宽窄不等的原因：

a. 与基准端面垂直度误差过大；

b. 两相对面间的尺寸差值过大（平行度误差大）。

②六角体扭曲的原因是各加工面有扭曲误差存在。

③120°角度不等的原因是角度测量的积累误差较大。

④六角边长不等的原因：

a. 120°角不等；

b. 三组相对面间的尺寸差值较大。

五、任务评价

学生根据任务要求完成任务后，教师根据任务实施过程及完成情况对结果按照表 2.5 进行评价。

表 2.5　任务评价表

六边形手轮
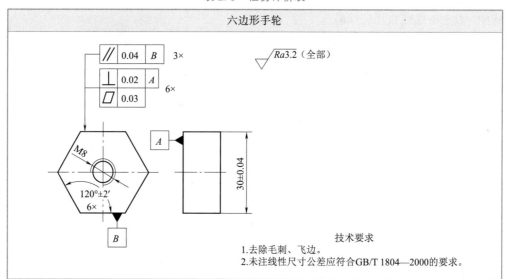

技术要求

1.去除毛刺、飞边。

2.未注线性尺寸公差应符合GB/T 1804—2000的要求。

		考评内容	分值	评分标准	得分	扣分原因
素养目标	1	传统文化认知	5	能够说出传统文化中六边形的中国元素；能够正确对待传统文化和外来文化		
	2	团结协作能力	5	对团队、组织信任，并能积极主动参与到团队活动中去		
操作要点	3	划线方法是否正确	5	划线位置错误扣 5 分		
	4	锉削姿势是否正确、合理	5	姿势不正确扣 5 分		
	5	角度 120°±2′（6 处）	12	超差不得分		
	6	（30±0.04）mm（3 处）	6	超差不得分		
	7	⊥ 0.02 A （6 处）	12	超差不得分		
	8	∥ 0.04 B （3 处）	12	超差不得分		
	9	▱ 0.03 （6 处）	12	超差不得分		
	10	表面粗糙度 3.2 μm（6 处）	12	超差不得分		
	11	M8 孔位置	2	超差不得分		
	12	M8 孔精度	2	超差不得分		
安全文明操作	13	遵守安全操作规程，正确使用工、夹、量具，操作现场整洁	5	有一项不符合要求扣 1 分，扣完为止		
	14	安全用电，防火，无人身、设备损坏	5	因违规造成人身及设备损害，此项为 0 分		
总分						

日期：＿＿＿＿＿＿＿＿　　考核老师：＿＿＿＿＿＿＿＿

工作任务单

任务实施

1. 分析图样，检查毛坯

（1）分析图样要求：_____。

（2）检查毛坯，应该完成的工作：_____。

2. 整理外形

（1）毛坯外形尺寸符合要求：_____，先修整 A 面作为基准面，再加工平行面，使尺寸达到图纸要求。

（2）面 1 是加工其他小面的第一个基准面，精度要求比较高。

3. 加工过程

1）加工面 1

根据要求加工，以刀口尺保证平面度和垂直度，保证尺寸（33±0.04）mm，并绘制加工示意图。

1 面加工示意图	2 面加工示意图

2）加工面 2

尺寸要求：_____；实际测量尺寸：_____。

思考：你是如何测量 1 面和 2 面的平行度的？平行度是否满足要求：是□　否□

答：_____。

3）加工面 3

简述划线方式，并绘制简图：_____。

完成加工，注意 3 面与对面加工至尺寸 33 mm。

1 面和 3 面实际测量角度：_____。

3 面加工示意图	4 面加工示意图

4）加工面 4

划出 4 面的加工参考线，划线尺寸为：_____。

完成 4 面加工，注意控制平面度、垂直度及角度 120°±2′，并且用游标卡尺控制平行度和测量尺寸（30+0.04）mm。

实际测量尺寸：_____；实际测量角度：_____；平行度是否满足要求：是□　否□。

5）加工面 5、6

面 5、面 6 的加工和测量方法与面 3、面 4 的相同，采用角度样板测量角度 120°+2′和游标卡尺测量控制平行度及测量尺寸（30+0.04）mm，并绘制加工示意图。

5 面加工示意图	6 面加工示意图

6）孔加工和倒角

底孔尺寸：_____。

锪孔选用的刀具：_____；目的是：_____。

攻螺纹注意事项：_____。

4. 检测及可能存在的问题

测量加工完成的工件，并进行修正。

教师签字：_____

5. 任务总结

根据所完成练习的情况，填写任务单表 1。

任务单表 1　任务总结表

序号	项目	内容
1	我学到的知识	1. 2.
2	还需要进一步提高的操作练习	1. 2.
3	存在疑问或者不懂的知识点	1. 2.
4	应该注意的问题	1. 2.

学习活动 3　底板导轨的制作

知识目标

（1）通过底板导轨的锉削加工，进一步掌握正确的锉削操作方法；
（2）掌握錾削的加工方法；
（3）掌握正弦规的结构及使用方法；
（4）掌握量块的使用方法；
（5）掌握锪钻的加工方法。

技能目标

（1）根据平面的质量要求，能够合理地选择推锉、顺锉及交叉锉等锉削方法；
（2）具备正确的锉削质量的检测能力；
（3）能够利用錾削加工，完成余料的錾削；
（4）能够利用正弦规、量块、百分表等工具完成工件的测量；
（5）能够正确使用锪钻对孔进行加工。

素质目标

（1）培养学生理论联系实际的意识；
（2）培养学生不惧失败、敢于大胆尝试的精神；
（3）培养学生树立安全意识。

任务描述

图 2.18 所示为小虎钳底板加工的图样，本次任务将选择合适的加工工具和量具完成小虎钳的底板加工，并达到图样所示的要求。在加工过程中将进一步掌握划线、锉削、钻孔等钳工基本技能，加工中要注意工、量具的正确使用。

知识准备

一、錾削概述

1. 錾削
錾削是指用锤子敲击錾子对工件进行切削加工的操作。

2. 錾削的特点
錾削所使用的工具简单，操作方便，但工作效率低，劳动强度大，用于不便机械加工的场合，例如，去除毛坯的凸缘、毛刺、飞边、浇冒口，分割板料、条料，

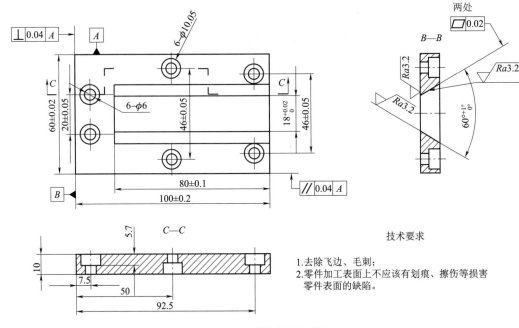

图 2.18 虎钳底板零件图

錾削平面及沟槽等。

錾削是钳工工作中一项较重要的基本技能。通过錾削练习，还可掌握锤击技能，提高锤击的力度和准确性，为装拆机械设备打下扎实的基础。

3. 錾削常用工具

錾削加工过程中经常用到的工具主要是錾子。

1）錾子的材料

用碳素工具钢 T7A 或 T8A 锻打成形后再进行刃磨和热处理而成。

2）錾子的组成

錾身为八棱形，为防止錾削时錾子转动，其头部有一定的锥度，顶端略带球面，如图 2.19 所示。

图 2.19 錾子的组成部分

3）錾子的分类及应用

常用的錾子有扁錾、尖錾、油槽錾和扁冲錾，如图 2.20 所示。

（1）扁錾。切削刃扁平，略带弧形，主要用来錾削平面、去毛刺和分割板料等。

（2）尖錾。切削刃较短，两侧面从刃口到錾身逐渐狭小，主要用来錾削沟槽及分割曲线板料。

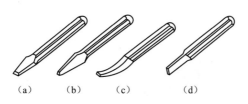

图 2.20　錾子的种类

（a）扁錾；（b）尖錾；（c）油槽錾；（d）扁冲錾

（3）油槽錾。切削刃很短并呈圆弧形，切削部分呈弧形。油槽錾用于錾削润滑油槽。

（4）扁冲錾。切削部分截面呈长方形，没有锋利的切削刃，用于打通两个相邻孔之间的间隔。

二、錾削姿势

1. 锤子握法

1）紧握法

五指紧握锤柄，大拇指合在食指上，虎口对准锤头方向，木柄尾端露出 15 ~ 30 mm。在挥锤和錾击过程中，五指始终紧握，如图 2.21（a）所示。

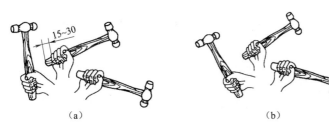

图 2.21　锤子握法

（a）紧握法；（b）松握法

2）松握法

只用大拇指、食指紧握锤柄，在挥锤时，其余手指依次放松，锤击时以相反的顺序收拢握紧，如图 2.21（b）所示。

2. 錾子握法

1）正握法

手心向下，腕部伸直，用中指、无名指握錾子，小指自然合拢，食指和大拇指自然伸直松靠，錾子头部伸出约 20 mm，如图 2.22（a）所示。

2）反握法

手心向上，手指自然捏住錾子，手掌悬空，如图 2.22（b）所示。

3. 站立姿势

錾削时的站立姿势如图 2.23 所示。

身体与台虎钳中心线大致成 45°角，身体略前倾，左脚跨前半步，膝盖稍曲，保持自然，右脚站稳伸直，不要过于用力。

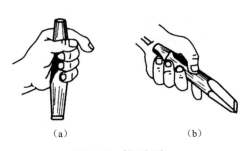

图 2.22　錾子握法

(a) 正握法；(b) 反握法

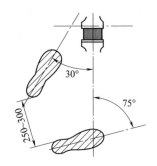

图 2.23　錾削时的站立位置

4. 挥锤方法

挥锤方法有腕挥、肘挥和臂挥三种。

1) 腕挥

腕挥是仅用手腕的动作进行锤击运动，采用紧握法握锤[见图 2.24(a)]，一般用于錾削余量较小及錾削开始或结尾处。

2) 肘挥

肘挥是用手腕与肘部一起挥动做锤击运动[见图 2.24(b)]，采用松握法握锤，因挥动幅度较大，故锤击力也较大，该方法应用较多。

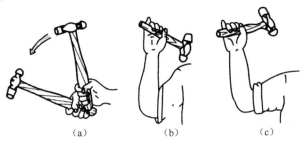

图 2.24　挥锤方法

(a) 腕挥；(b) 肘挥；(c) 臂挥

3) 臂挥

臂挥是手腕、肘和全臂一起挥动[见图 2.24(c)]，其锤击力最大，用于需要大力錾削的场合。

5. 锤击速度

锤子敲下去应具有加速度，以增加锤击的力量，不要因为怕打着手而迟疑造成锤击速度过慢，影响锤击的力量。锤击时，锤子落点的准确度主要靠掌握和控制好手的运动轨迹及其位置来达到。

眼睛的视线要对着工件的錾削部位，而不是看着錾子的头部，这样便于随时了解錾削情况。

6. 锤击要领

1) 挥锤

肘收臂提，举锤过肩，手腕后弓，三指微松，锤面朝天，稍停瞬间。

2）锤击

目视錾刃，臂肘齐下，收紧三指，手腕加劲，锤錾一线，锤走弧形，左脚着力，右腿伸直。

3）要求

稳（40次/min）、准（命中率高）、狠（锤击有力）。

三、錾削方法

1. 錾削平面

1）起錾方法

錾削平面选用扁錾，每次錾削余量为 0.5~2 mm。余量太少，錾子容易滑掉；余量太多，则錾削费力，且不易錾平。錾削平面时，要掌握好起錾方法。起錾方法有斜角起錾和正面起錾两种。一般可采用斜角起錾，即先在工件的边缘尖角处将錾子放成负角[见图2.25（a）]，錾出一个斜面，然后按正常的錾削角度逐步向中间錾削。有时不允许从边缘尖角处起錾（如錾槽），则必须采用正面起錾，起錾时，可使切削刃抵紧起錾部位后，把錾子头部向下倾斜至与工件端面基本垂直[见图2.25（b）]，再轻敲錾子，使用此方法起錾过程容易顺利完成。该方法使錾子容易切入材料，而不会产生滑脱、弹跳等现象，且便于掌握錾削余量。

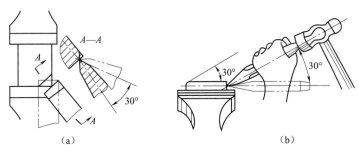

图 2.25　起錾方法
（a）斜角起錾；（b）正面起錾

2）窄平面与宽平面的不同錾削方法

在錾削较窄的平面时，錾子的切削刃最好保证与錾削前进方向倾斜相同角度（见图2.26），使切削刃与工件有较多的接触面，錾子就比较容易稳定，不致使得錾削的表面高低不平。

在錾削较宽平面时，切削面的宽度通常要超过錾子切削刃的宽度，由于切削过程中錾子两侧受工件的卡阻而使錾削操作十分费力，故錾削表面也不会平整。錾削宽平面时一般应先用狭錾间隔开槽，再用扁錾錾去剩余部分，如图2.27所示。

3）錾削动作

錾削加工时的切削角度，后角 α_0 一般为 5°~8°[见图2.28（a）]。α_0 过大，錾子容易切入工件表面深处[见图2.28（b）]；α_0 过小，錾子容易在錾削部位滑出，无法完成錾削[见图2.28（c）]。

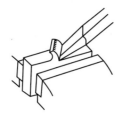

图 2.26　錾削较窄平面

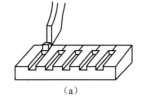

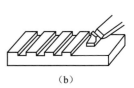

图 2.27　錾削宽平面
（a）开槽；（b）去除剩余部分

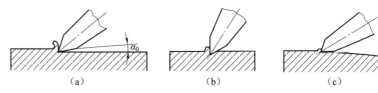

图 2.28　錾削时后角对錾削质量的影响
（a）正确的后角；（b）后角过大；（c）后角过小

在錾削加工过程中，一般每錾削 2~3 次后，可将錾子退回一些，做一次短暂的停顿，然后再将切削刃顶住錾削处继续錾削。这样一方面能够观察錾削表面的平整情况，同时能够放松手臂肌肉。

4）尽头的錾削方法

当錾削加工到工件尽头时，经常发生工件边缘的崩裂［见图 2.29（a）］，尤其是对一些脆性材料更为常见。一般当錾削到离尽头距离 10 mm 左右时，必须掉头去錾削余下的部分［见图 2.29（b）］，避免边缘产生崩裂，使得工件无法恢复。

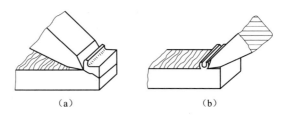

图 2.29　錾削靠近工件尽头操作
（a）边缘崩裂；（b）正确的方法

2. 錾削油槽

錾削油槽需要注意以下几点：

（1）根据图样中油槽的断面形状，将油槽錾的切削部分刃磨，如图 2.30 所示。

（2）平面上錾削油槽的方法与錾削平面相同。

（3）曲面上錾削油槽时，錾子的倾斜度随曲面变化而变化，保证切削时的后角不变，因为切削刃在曲面上的位置改变时，切削平面的位置也随之而改变，如果錾子倾斜度不变，则錾削时的后角就要改变，致使錾削质量受到影响。

（4）油槽錾削完成后不进行精加工，仅仅做一些简单修整，因此錾削油槽必须掌握好尺寸和表面粗糙度要求。

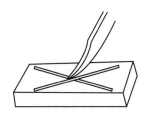

图 2.30　錾削油槽

3. 錾切板料

在现场没有机械设备或装夹不便时，有时也会用錾子来切断板料或分割出形状较复杂的薄板工件，如图 2.31 所示。

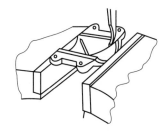

（a）　　　　　　　　　（b）

图 2.31　板料的切断

四、正弦规的使用

正弦规是利用三角函数中的正弦关系，与量块配合测量工件角度和锥度的精密量具。

1. 正弦规的结构

正弦规由工作台 1、两个直径相同的精密圆柱 2、侧挡板 3 和后挡板 4 等零件组成的，如图 2.32 所示。

2. 正弦规的规格

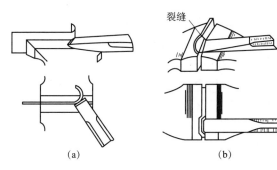

图 2.32　正弦规结构

1—工作台；2—精密圆柱；3—侧挡板；4—后挡板

根据两精密圆柱的中心距 L 及工作台平面宽度 B 不同，正弦规又分为宽型和窄型两种，表 2.6 所示为常见正弦规的规格。

表 2.6　常见正弦规的规格

两圆柱中心距/mm	圆柱直径/mm	工作台宽度/mm		精度等级
		窄型	宽型	
100	20	25	80	0、1
200	30	40	80	

五、量块

量块又称为块规，是机械制造业中长度尺寸的标准。量块是用不易变形的耐磨材料（如铬锭钢）制成的长方形六面体，它有两个工作面和四个非工作面，工作面是一对相互平行而且平面度误差极小的平面，即测量面，如图 2.33 所示。为了保持量块的精度，延长其使用寿命，一般不允许用量块直接测量工件。

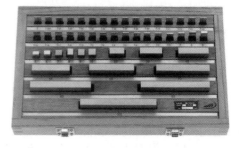

图 2.33　量块

量块具有较高的研合性。由于测量面的平面度误差极小，用比较小的压力把两块量块的测量面相互推合后，即可牢固地研合在一起。因此可以把不同尺寸的量块组合成量块组，以得到需要的尺寸。研合的方法是将两量块呈 30°交叉贴在一起，用手前后微量地错动上面的量块，同时旋转［见图 2.34(a)］，使两工作面转到互相平行的方向，然后沿工作面长边方向平行向前推进量块［见图 2.34(b)］，直到两工作面全部贴合在一起［见图 2.34(c)］。

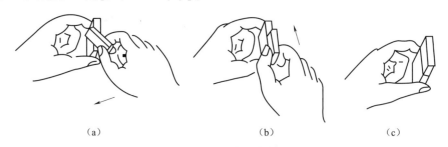

| (a) | (b) | (c) |

图 2.34　量块的粘合

量块一般由不同的尺寸组成一套，装在特制的木盒内，量块有 41 块一套和 83 块一套（见表 2.7）等几种。为减少测量时的积累误差，选用量块时应尽量采用最少的块数。用 83 块一套的量块，一般不超过五块。选取量块的方法是：第一块应根据组合尺寸最后一位数字选取，以后选取的方法以此类推。

表 2.7　83 块量块的编组

总块数	精度级别	尺寸系列/mm	间隔/mm	块数
83	00，0，1，2，3	0.5，1，1.005	—	3
		1.01，1.02，…，1.49	0.01	49
		1.5，1.6，…，1.9	0.1	5
		2.0，2.5，…，9.5	0.5	16
		10，20，…，100	10	10

例：例如要从 83 块一套的量块中，选取量块组成 62.315 mm 的尺寸，其选取方法为：

62.315	组合尺寸
-1.005	第一块尺寸
61.310	
-1.310	第二块尺寸
60.000	第三块尺寸

即选用 1.005 mm、1.310 mm、60 mm 共三块。

六、正弦规、量块、百分表的配合使用

在对带角度的工件加工过程中，为了检验角度的准确性，经常会利用正弦规、量块和百分表配合进行测量，以图 2.35 为例。

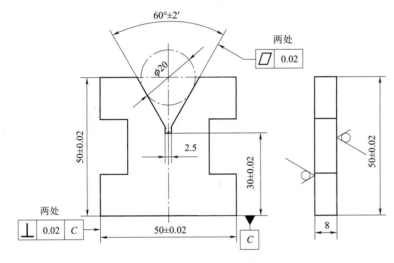

图 2.35　工字形角度块

1. 对称性测量

图 2.36 所示为某零件示意图，利用正弦规、量块、百分表判断该工件是否对称。

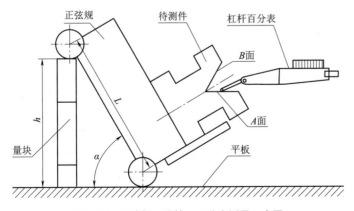

图 2.36　正弦规、量块、百分表测量示意图

（1）将正弦规放置在平板上，为了保证待测工件的测量面水平，在正弦规一侧所垫量块高度为

$$h = L\sin\alpha$$
$$= 100 \times \sin 60°$$
$$= 100 \times 0.866\ 0$$
$$= 86.60$$

即在正弦规下侧所垫厚度为 86.60 mm 的量块，即可保证正弦规与平板所夹角 α 为 60°。

（2）将待测工件放置于正弦规工作面上，同时将杠杆百分表固定在表架上。百分表的测头打在待测件 A 面上，并在 A 面内移动，如图 2.36 所示。如果指针跳动范围为 ±0.01 mm，则表示该平面度满足要求。检测完成后，将待测件调转对 B 面进行检测。

（3）在检测 A、B 面的过程中，如果百分表测量得到的高度相同，则表示待测件的 V 形面对称。

2. 工字型角度块（30±0.02）mm 高度值测量

在零件图中直接测量（30±0.02）mm 很难，可以将利用正弦规、量块、百分表来测量工字形角度块的尺寸，图 2.37 所示为高度测量示意图。

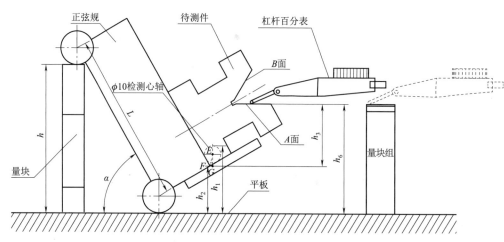

图 2.37 高度测量示意图

根据图 2.37 所示示意图可知：斜面对平板的理论高度值 $h_{6理论} = h_2 + h_3$。

（1）测量高度值 h_2（也可以根据正弦规结构进行计算），如图 2.38 所示。

①利用百分表和量块组测得检验心轴最高点距离平板高度距离值 h_1；

②在 $\triangle EFG$ 中，有

$$EG = 5\sqrt{2}\cos 15°$$

③

$$h_2 = h_1 - 5 - 5\sqrt{2}\cos 15° = h_1 - 11.83$$

式中 h_1——实际测量值。

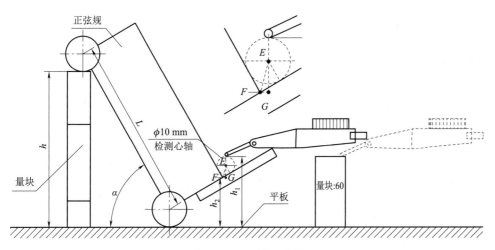

图 2.38　h_2 测量示意图

（2）计算 h_3 理论值，如图 2.39 所示。

①在 △IJK 中有

$$h_4 = （25-20×\tan60°）×\sin60° = 11.65$$

②在 △KMN 中有

$$h_5 = 50×\sin30°$$

③
$$h_3 = h_4+h_5 = 11.65+25 = 36.65$$

（3）求 A、B 表面距离平板高度理论值 $h_{6理论}$。

$$h_{6理论} = h_2+h_3 = h_1+24.82$$

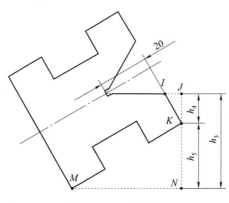

图 2.39　h_3 理论值

（4）利用正弦规、量块、百分表测量 A、B 表面距离平板的高度 $h_{6实际}$。

①将量块组的高度组合为 h_2+h_3。

②将杠杆百分表的测头压到量块上，将表调 0。

③将百分表的测头移动至待测件 A 面，并在 A 表面移动，观察百分表跳动情况是否在允许范围内。

④利用同样的方式检测 *B* 面，如果测量值相同，则 *A*、*B* 面对称且距离值（30±0.02）mm 也满足要求。

一、任务分析

本任务是利用锉削、锯削、錾削、打孔等加工方式，完成小虎钳底板导轨的加工，通过练习学会利用锉刀、手锯、錾子等进行正确的操作，达到图纸对底板导轨的相关技术要求，并掌握锉削、锯削、孔加工及正弦规划线和测量的技能，同时培养学生吃苦耐劳、团结协作的精神。

二、任务准备

设备、材料及工、量具准备清单见表 2.8。

表 2.8　设备、材料及工、量具准备清单

序号	类型	名称	规格	数量	备注
1	设备	台虎钳	150 mm	1	
2		台钻	ZB512	1	
3		平板	2 000 mm×15 000 mm	1	
4		方箱	300×300×300（mm）	1	
5		砂轮机	M3030	1	
6	材料	 备料图（Q235） 			
7	量具	卡尺	200 mm	1	
8		千分尺	各规格	1	
9		正弦规	100 mm×80 mm	1	
10		量块	83 块	1	
11		高度尺	0~300 mm		
12		万能角度尺	0°~320°	1	
13		百分表（代表架）	0~10 mm	1	
14		刀口角尺	125 mm	1	
15		直角尺	100 mm×63 mm	1	

续表

序号	类型	名称	规格	数量	备注
16	工具	锉刀	各规格	若干	根据任务选择
17		什锦锉	3 mm×140 mm（10 支装）	1	
18		锯弓	300 mm	1	
19		毛刷	—	—	
20		V 形块	—	1	
21		样冲	—	1	
22		划针	—	1	
23		软钳口	—	1	
24		护目镜	—	1	

三、加工步骤

1. 基准面 A 加工

选择毛坯的长边为 1 基准面，图 2.40 所示为基准面 A 加工示意图，选取合适的加工工具进行加工，满足图样规定的直线度以及平面度要求。

2. 加工基准面 B

选择与 A 基准面相邻的任一垂直面 B 进行加工，满足图样规定的直线度和平面度要求，以及与 A 面的垂直关系，如图 2.41 所示。

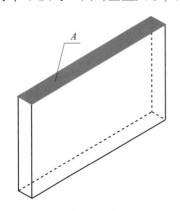

图 2.40　基准面 A 加工示意图

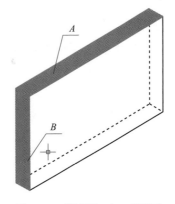

图 2.41　基准面 B 加工示意图

3. 加工 A、B 面的对面

如图 2.42 所示，A_1 面为基准面 A 对面的待加工面。

首先将 A 基准面贴合平板，用高度尺划出 60 mm 的加工参考线，A_1 加工方法与基准面 A 加工方法一致。加工完成后按照图样技术要求进行检测。

接着将 B 基准面贴合平板，用高度尺划出 100 mm 的加工参考线，B_1 加工方法同基准面 B 加工方法一致。加工完成后按照图样技术要求进行检测。

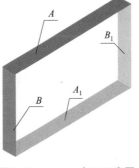

图 2.42　A_1、B_1 加工示意图

4. 固定孔加工

按照图样所示完成孔的加工，达到图样技术要求。

注意事项：

（1）调整好工件底孔与锪钻的同轴度，再将工件夹紧。调整时，可用手旋转钻床主轴试钻，使工件能自然定位。为减小振动，工件的夹紧必须稳固。

（2）为控制锪孔深度，可利用钻床上的深度标尺或定位螺母来保证尺寸。

（3）要做到安全和文明生产。

5. 燕尾导轨的加工

按照图样要求完成燕尾导轨的加工。

1）划线

划出 U 形开口线，如图 2.43 所示。

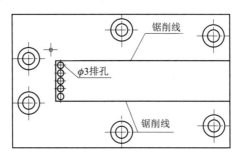

图 2.43　加工示意图

2）锯削

留好加工余量，沿锯削线锯削完成，如图 2.44 所示。

3）錾削

利用錾子完成錾削加工。

4）60°燕尾导轨加工

按照图样要求，保证尺寸精度。

6. 检测

四、任务实施要点及注意事项

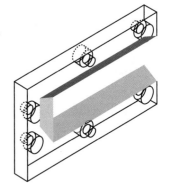

图 2.44　燕尾导轨加工示意图

（1）导轨的尺寸精度、形位公差精度等应该控制在最小范围内。

（2）燕尾导轨在加工及检测中要利用正弦规、量块、百分表、心轴，保证加工角度及对称度。

（3）孔加工过程必须保证孔的位置精度和孔的精度。

五、任务评价

学生根据任务要求完成任务后，教师根据任务实施过程及完成情况对结果按照表 2.9 进行评价。

表2.9　任务评价表

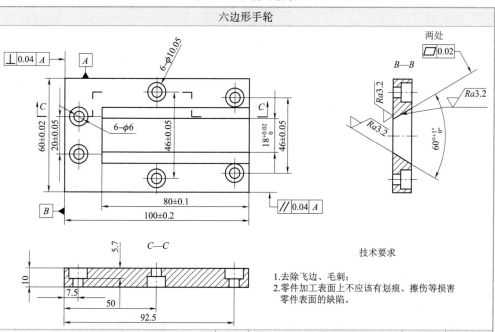

		考评内容	分值	评分标准	得分	扣分原因
素养目标	1	培养学生理论联系实际的意识	5	在实践过程中能准确使用相关理论知识解决实际问题		
	2	不惧失败、敢于大胆尝试的精神	5	能够顺利完成任务		
操作要点	3	锉刀的握法是否正确	5	安装错误扣10分		
	4	锉削时工件的夹持是否正确、合理	4	工件夹持不当扣5分		
	5	正弦规划线方法是否正确	5	方法不当扣5分		
	6	平面度 ⬜0.02（2处）	6	按照平直度给分		
	7	尺寸（100±0.02）mm	10	尺寸超过误差扣10分		
	8	尺寸（60±0.02）mm	10	尺寸超过误差扣10分		
	9	尺寸（20±0.05）mm	4	尺寸超过误差扣5分		
	10	尺寸（40±0.05）mm	4	尺寸超过误差扣5分		
	11	尺寸（46±0.05）mm	4	尺寸超过误差扣5分		
	12	尺寸（80±0.1）mm	4	尺寸超过误差扣5分		
	13	∥0.04 A 平行度0.04 mm	4	超差扣10分		
	14	⊥0.04 A 垂直度0.04 mm	10	超差扣10分		
	15	表面粗糙度3.2 μm（2处）	10	超差扣10分		
安全文明操作	16	遵守安全操作规程，正确使用工、夹、量具，操作现场整洁	5	有一项不符合要求扣1分，扣完为止		
	17	安全用电，防火，无人身、设备损坏	5	因违规造成人身及设备损害，此项为0分		
总分						

日期：_____　　　　考核老师：_____

工作任务单

学习过程

1. 分析图样，检查毛坯

（1）分析图样要求：_____。

（2）检查毛坯，应该完成的工作：_____。

2. 加工过程

1）加工面 A

根据图纸要求找出第一加工基准面 A，保证直线度、平面度，绘制加工简图。

（1）A 面粗加工。

锉削过程中，使用锉刀规格为_____进行锉削，粗锉过程分为以下两个阶段。

①单纯锉削阶段。

这一阶段中不进行测量，以尺寸线为基准。当平面被锉削距离要求尺寸线为 0.5 mm 时（肉眼估计），此阶段结束。

②锉削与测量综合运用阶段。

这一阶段开始要反复进行测量，最后留 0.15 mm 左右的加工余量后便转入精锉。

在粗锉加工过程中一般采用_____和_____两种方式，各自的特点有哪些?

_____。

（2）A 面精加工。

使用锉刀规格为_____进行锉削，锉削时要不断检查尺寸及平面度，并观察表面粗糙度情况，使得各项精度均符合要求。

锉削时可以使用顺向锉削或者推锉的方式。推锉时两手对称地握着锉刀，用两个大拇指推锉刀进行锉削。这种方式适用于：_____。

简述你所用的平面度检测方法：_____。

（3）A 面检测。

精加工过程的同时不断检测基准面和对面之间的尺寸，应该在_____。

分析：在锉削加工中经常出现 A 面呈现中间凸起状态，分析原因：_____

_____。

2）加工面 B

要求：按照图纸要求选取 A 面的相邻面为 B 加工面，保证 B 面平面度、垂直度。

思考：你是如何检查两者的垂直关系的：_____。

垂直度误差：_____；实际测量值：_____，垂直度是否满足：是□ 否□。

A 面加工示意图	*B* 面加工示意图

3）加工面 A_1

画出 A_1 面加工参考线，并绘制简图，完成加工，保证 *A* 面和 A_1 面的平行度。

尺寸要求：_____；实际测量尺寸：_____；平行度是否满足：是□　否□。

4）B_1 面加工

画出 B_1 面加工参考线，并绘制简图，完成加工，保证 *B* 面和 B_1 面的平行度。

尺寸要求：_____；实际测量尺寸：_____；平行度是否满足：是□　否□。

A_1 面加工示意图	B_1 面加工示意图

5）固定孔加工

按照图样所示完成孔的加工。

注意事项：

（1）调整好工件底孔与锪钻的同轴度，再将工件夹紧。调整时，可用手旋转钻床主轴试钻，使工件能自然定位。为减小振动，工件的夹紧必须稳固。

（2）为控制锪孔深度，可利用钻床上的深度标尺或定位螺母来保证尺寸。

（3）要做到安全和文明生产。

实际测量尺寸 1：_____；实际测量尺寸 2：_____；实际测量尺寸 3：_____。

思考：什么是锪孔？锪孔的应用是什么？

答：_____。

6）燕尾导轨的加工（要求利用正弦规、量块等完成划线及检测）

绘制划线加工示意图，按照图样要求完成燕尾导轨的加工。

（1）划线。划出 U 形开口线。

划线尺寸：_____。

划线加工示意图（要求用正弦规划线）

（2）锯削。

留好加工余量，沿锯削线完成锯削。

燕尾导轨锯削加工示意图

（3）錾削

思考：錾削加工特点？常用在哪些领域？

答：_____。

挥锤方法有_____、_____、_____三种。

注意事项：

（1）检查锤子以及手柄是否有裂纹，手柄是否有松动。

（2）检查錾口是否有裂纹。

（3）錾削时不要正面对人操作。

（4）錾子上不能有毛刺。

（5）操作时不能戴手套，以免滑脱。

（6）錾削临近工件边缘操作时要减小力度，以免用力过猛伤手。

（7）錾削操作时要戴眼镜。

7）60°燕尾导轨加工

按照图样要求，保证尺寸精度。

燕尾导轨检测示意图（要求用正弦规、量块、百分表）

思考：你是如何对工件进行检测的？

答：（1）＿＿＿＿＿＿＿＿＿＿＿＿＿＿＿＿＿＿＿＿＿＿＿＿＿＿＿＿＿＿＿。

（2）＿＿＿＿＿＿＿＿＿＿＿＿＿＿＿＿＿＿＿＿＿＿＿＿＿＿＿＿＿＿＿。

（3）＿＿＿＿＿＿＿＿＿＿＿＿＿＿＿＿＿＿＿＿＿＿＿＿＿＿＿＿＿＿＿。

（4）＿＿＿＿＿＿＿＿＿＿＿＿＿＿＿＿＿＿＿＿＿＿＿＿＿＿＿＿＿＿＿。

计算理论 $h_{6理论}$：＿＿＿＿＿＿＿＿＿＿＿；实际打表尺寸 $h_{6实际}$：＿＿＿＿＿＿＿＿＿＿＿＿＿＿＿＿。

实际测量角度：＿＿＿＿＿＿＿＿＿＿＿＿；表面粗糙度值：＿＿＿＿＿＿＿＿＿＿＿。

3. 修整

全面复检，并做必要的修整，锐边去毛刺。

4. 任务总结

根据所完成练习的情况，填写任务单表 1。

任务单表 1　任务总结表

序号	项目	内容
1	我学到的知识	1. 2.
2	还需要进一步提高的操作练习	1. 2.
3	存在疑问或者不懂的知识点	1. 2.
4	应该注意的问题	1. 2.

学习活动 4　活动钳身的加工

知识目标

（1）进一步掌握钻削加工方法；

（2）掌握麻花钻的刃磨方法；

（3）进一步掌握立体划线的基本方法；

（4）掌握扩孔工具的选用及扩孔操作方法；

（5）掌握角度锉配的基本方法；

（6）了解切削液的选用；

（7）掌握形位精度的控制方法。

技能目标

(1) 能够正确对麻花钻进行刃磨；
(2) 能够正确划线；
(3) 能够检查和修正锉配误差；
(4) 能够划线和测量燕尾形；
(5) 能够合理选择切削液；
(6) 进一步巩固各项钳工技能。

素质目标

(1) 具有精益求精的精神；
(2) 具有创新精神。

任务描述

图 2.45 所示为小虎钳活动钳身加工的图样，本次任务将选择合适的加工工具和量具完成小虎钳活动钳身的加工，并达到图样所示的要求。在加工过程中将进一步掌握划线、锉削、钻孔、刀具刃磨等钳工基本技能，加工中要注意工、量具的正确使用。

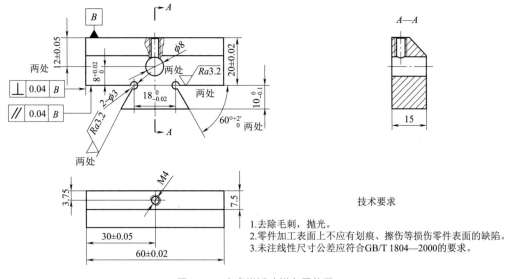

技术要求

1. 去除毛刺，抛光。
2. 零件加工表面上不应有划痕、擦伤等损伤零件表面的缺陷。
3. 未注线性尺寸公差应符合GB/T 1804—2000的要求。

图 2.45 小虎钳活动钳身零件图

知识准备

一、斜面孔的加工

由于受到单边作用力，故当用普通麻花钻在斜面上加工孔时，会使麻花钻偏向较低一侧而钻不进工件，经常采用以下方法完成斜面孔的加工。

（1）利用中心钻钻一个锥度窝后，再用钻头完成孔的加工，如图 2.46（a）所示。

（2）将待加工斜面转位至水平位置，在孔中心錾一浅窝[见图 2.46(b)]，再将工件倾斜装夹，把浅窝钻深一些，然后将工件正常装夹完成钻孔。

（3）当待加工表面倾斜度较大时，先用同孔径相同的立铣刀铣削平面后，再完成孔的加工，如图 2.46（c）所示。

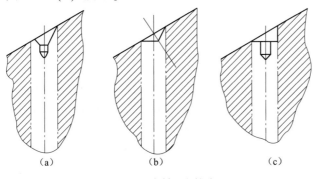

（a）　　　　　　（b）　　　　　　（c）

图 2.46　在斜面上钻孔

二、扩孔

1. 扩孔的概念

扩孔指的是利用扩孔钻对已有的孔进行扩大加工。如图 2.47 所示，扩孔时，背吃刀量 a_p 计算公式如下：

$$a_p = (D - d)/2 \qquad (2.2)$$

式中　D——扩孔后直径（mm）；

　　　d——预加工孔直径（mm）。

2. 扩孔的特点

（1）扩孔相比钻孔时切削量减小，切削遇到阻力小，切削条件得到改善。

（2）减少横刃切削造成的不良结果。

（3）切削过程中切屑体积小，排屑更加容易。

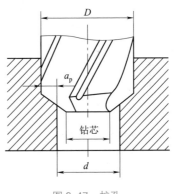

图 2.47　扩孔

三、扩孔钻

1. 扩孔钻的结构

由于扩孔加工条件大大改善，故扩孔钻的结构与麻花钻有明显区别，如图 2.48 所示。

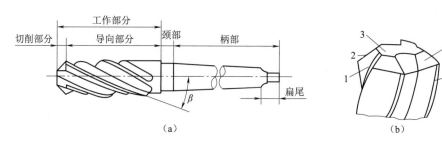

图 2.48 扩孔钻

1—前刀面；2—主切削刃；3—钻芯；4—后刀面；5—刃带

2. 扩孔钻的特点

（1）因中心不参与切削过程，没有横刃，故切削刃只做成靠边缘的一段。

（2）切削过程产生切屑的体积小，无须大容屑槽，扩孔钻钻芯较粗，刚度较高，切削过程更加平稳。

（3）切削槽较小，扩孔钻有较多刃齿，一般整体式扩孔钻包含 3~4 个齿，以增强切削过程的导向作用。

（4）由于切削深度较小，切削角度能够取较大值，故切削比较省力。

3. 扩孔应用

扩孔加工尺寸精度可达 IT9~IT10，表面粗糙度可达 $Ra6.3~25~\mu m$，所以扩孔的加工质量比钻孔要高，常作为孔的半精加工及铰孔精加工前的预加工。

扩孔钻只用于成批大量生产。在实际应用中，经常将麻花钻作为扩孔钻使用。

 任务实施

一、任务分析

本任务是利用锉削、锯削、打孔、攻螺纹等工艺完成小虎钳活动钳身的加工，通过练习学会利用锉刀、锯削进行正确的操作，达到图纸对活动钳身的相关技术要求，并掌握锉削、锯削、孔加工及划线技能，同时培养学生的创新意识。

二、任务准备

设备、材料及工、量具准备清单见表 2.10。

表 2.10 设备、材料及工、量具准备清单

序号	类型	名称	规格	数量	备注
1		台虎钳	150 mm	1	
2		台钻	ZB512	1	
3	设备	平板	2 000 mm×15 000 mm	1	
4		方箱	300 mm×300 mm×300 mm	1	
5		砂轮机	M3030	1	

续表

序号	类型	名称	规格	数量	备注
6	材料		备料图（Q235）		
7		卡尺	200 mm	1	
8		千分尺	各规格	1	
9		正弦规	100 mm×80 mm	1	
10		量块	83 块	1	
11	量具	高度尺	0～300 mm		
12		万能角度尺	0°～320°	1	
13		百分表（代表架）	0～10 mm	1	
14		刀口角尺	125 mm	1	
15		直角尺	100 mm×63 mm	1	
16		锉刀	各规格	若干	根据任务选择
17		什锦锉	3 mm×140 mm（10 支装）	1	
18		锯弓	300 mm	1	
19		毛刷	—	—	
20		V 形块	—	1	
21		样冲	—	1	
22	工具	钻头	φ3 mm、φ3.3 mm、φ6.8 mm、φ8 mm	1	
23		丝锥	M4、M8	1	
24		铰杠	—	1	
25		划针	—	1	
26		软钳口	—	1	
27		护目镜	—	1	

（序号6 材料 栏图示：32±0.05，62±0.05，15±0.05，⊥ 0.2 A，∥ 0.2 A，Ra3.2，A）

三、加工步骤

1. 基准面 B 加工

选择毛坯的长边为 B 基准面，图 2.49 所示为基准面 B 加工示意图，选取合适的加工工具进行加工，满足图样规定的直线度以及平面度要求。

2. 加工基准面 C

选择与 B 基准面相邻的任一垂直面 C 进行加工，满足图样规定的直线度以及平面度要求。

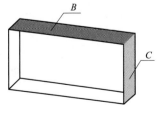

图 2.49　基准面 B 和 C 面加工示意图

3. 加工 *B*、*C* 面的对面

如图 2.50 所示，B_1 面为基准面 *B* 对面的待加工面。

首先将 *B* 基准面贴合平板，用高度尺划出 30 mm 的加工参考线。B_1 的加工方法与基准面 *B* 的加工方法一致。加工完成后按照图样技术要求进行检测。

接着将 *C* 基准面贴合平板，用高度尺划出 60 mm 的加工参考线。C_1 的加工方法与基准面 *C* 的加工方法一致。加工完成后按照图样技术要求进行检测。

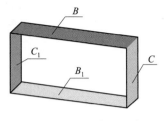

图 2.50 B_1、C_1 加工示意图

4. 燕尾加工

按照图 2.51 所示完成孔的加工。

（1）划线，加工让位孔。

（2）绘制燕尾锯削线。

（3）沿锯削线完成锯削。

（4）锉削加工，保证图样规定的技术要求。

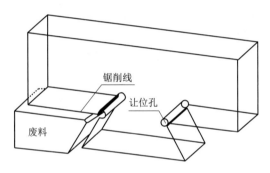

图 2.51 燕尾加工示意图

5. 孔加工

1）螺杆固定孔

（1）划线。依据图样要求绘制，确定孔位置线，如图 2.52 所示。

（2）冲眼。样冲用于在工件所划的加工线条上打样冲眼，作为界限标志或作为划圆弧或钻孔时的定位中心。

（3）打孔。完成底孔的加工，减小切削量，为扩孔做准备，如图 2.53 所示。

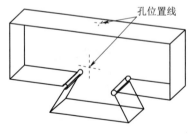

图 2.52 孔位置线

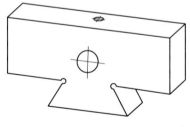

图 2.53 孔加工

（4）扩孔。注意扩孔工具及背吃刀量的选择。

2）螺杆紧定孔螺纹加工

根据图样要求，完成螺纹加工。

6. 完成斜面加工

按照图样要求，保证尺寸精度，如图 2.54 所示。

7. 检测试配

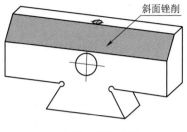

图 2.54　斜面锉削

四、任务实施要点及注意事项

（1）外形尺寸加工时，尺寸公差、垂直度误差、平行度误差应控制在最小范围内。

（2）各个加工线划线应该准确，加工时保证各面的垂直度。

（3）60°角度加工及检测中要利用正弦规、量块、百分表、心轴，保证加工角度及对称度。

（4）M4 螺纹加工要经常排屑，防止切屑堵塞造成丝锥折断。

五、任务评价

学生根据任务要求完成任务后，教师根据任务实施过程及完成情况对结果按照表 2.11 进行评价。

表 2.11　任务评价表

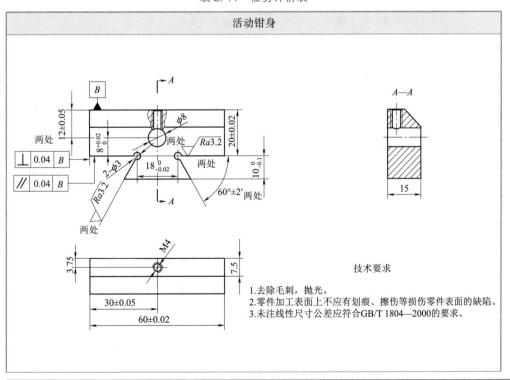

考评内容			分值	评分标准	得分	扣分原因
素养目标	1	培养学生理论联系实际的意识	5	在实践过程中能准确使用相关理论知识解决实际问题		
	2	不惧失败、敢于大胆尝试的精神	5	能够顺利完成任务		
操作要点	3	划线方式是否正确	2	错误扣2分		
	4	划线尺寸是否正确	3	尺寸不对扣3分		
	5	样冲使用方式是否正确	2	方法不当扣2分		
	6	样冲眼是否在正中间	3	不在中间扣3分		
	7	底孔位置尺寸是否正确	2	错误扣2分		
	8	选择钻头尺寸是否正确	2	选择不对扣2分		
	9	选择切削用量是否正确	3	选择不对扣3分		
	10	尺寸（60±0.02）mm	6	超差不得分		
	11	尺寸 $18_{-0.02}^{0}$ mm	4	超差不得分		
	12	尺寸（20±0.02）mm	6	超差不得分		
	13	尺寸 $10_{-0.1}^{0}$ mm	3	超差不得分		
	14	尺寸（12±0.05）mm	4	超差不得分		
	15	尺寸 $8_{0}^{+0.02}$ mm	4	超差不得分		
	16	尺寸（30±0.05）mm	4	超差不得分		
操作要点	17	垂直度 ⊥ 0.04 B （2处）	4	超差不得分		
	18	平行度 ∥ 0.04 B （2处）	4	超差不得分		
	19	角度 60°±2′（2处）	8	超差不得分		
	20	M4 位置、尺寸精度	4	超差不得分		
	21	M8 位置、尺寸精度	4	超差不得分		
	22	表面粗糙度 3.2 μm（4处）	8	超差不得分		
安全文明操作	23	遵守安全操作规程，正确使用工、夹、量具，操作现场整洁	5	有一项不符合要求扣1分，扣完为止		
	24	安全用电，防火，无人身、设备损坏	5	因违规造成人身及设备损害，此项为0分		
总分						

工作任务单

 任务实施

1. 分析图样，检查毛坯

（1）分析图样要求：_____。

（2）检查毛坯，应该完成的工作：_____。

2. 加工过程

1）加工面 B

根据图纸要求找出第一加工基准面 B，保证直线度、平面度，绘制加工简图。

（1）B 面粗加工。

锉削过程中，使用锉刀规格为＿＿＿＿＿＿＿＿＿＿进行锉削，粗锉过程分为以下两个阶段。

①单纯锉削阶段。

这一阶段中不进行测量，一尺寸线为基准。当平面被锉削距离要求尺寸线为 0.5 mm 时（肉眼估计），此阶段结束。

②锉削与测量综合运用阶段。

这一阶段开始要反复进行测量，最后留 0.15 mm 左右的加工余量后便转入精锉。

在粗锉加工过程中一般采用＿＿＿＿和＿＿＿＿两种方式，各自的特点有哪些？

＿＿＿＿＿＿＿＿＿＿＿＿＿＿＿＿＿＿＿＿＿＿＿＿＿。

（2）B 面精加工。

使用锉刀规格为＿＿＿＿＿＿＿＿＿＿进行锉削，锉削时要不断检查尺寸及平面度，并观察表面粗糙度情况，使得各项精度均符合要求。

锉削时可以使用顺向锉削或者推锉的方式。推锉时两手对称地握着锉刀，用两个大拇指推锉刀进行锉削。这种方式适用于：＿＿＿＿＿＿＿＿＿＿＿＿。

简述你所用的平面度检测方法：＿＿＿＿＿＿＿＿＿＿＿＿＿＿＿＿。

（3）B 面检测。

精加工过程的同时应该不断检测基准面和对面之间的尺寸，应该在＿＿＿＿＿＿＿＿。

分析：在锉削加工中经常出现 B 面呈现中间凸起状态，分析原因：＿＿＿＿＿＿

＿＿＿＿＿＿＿＿＿＿＿＿＿＿＿＿＿＿＿＿＿＿＿＿＿。

B 面加工示意图	C 面加工示意图

2）加工面 C

要求：按照图纸要求选取 B 面的相邻面为 C 加工面，保证 C 面平面度和垂直度。

思考：你是如何检查两者的垂直关系的？

＿＿＿＿＿＿＿＿＿＿＿＿＿＿＿＿＿＿＿＿＿＿＿＿＿。

垂直度是否满足：是□　否□。

3）加工面 B_1

划出 B_1 面加工参考线，并绘制简图，完成加工，保证 B 面和 B_1 面的平行度。

尺寸要求：＿＿＿＿＿＿；实际测量尺寸：＿＿＿＿＿＿；平行度是否满足：是□　否□。

B_1 面加工示意图	C_1 面加工示意图

4）C_1 面加工

划出 C_1 面加工参考线，并绘制简图，完成加工，保证 C 面和 C_1 面的平行度。

尺寸要求：＿＿＿＿＿＿；实际测量尺寸：＿＿＿＿＿＿；平行度是否满足：是□　否□。

5）燕尾导轨加工

按照图样要求完成燕尾导轨的加工。

（1）划线。

划出让位孔中心线以及锯削线，绘制简图。

燕尾划线加工示意图

（2）锯削。

留好加工余量，沿锯削线完成锯削。

（3）锉削。

思考1：你是如何检查角度的？

答：＿＿＿＿＿＿＿＿＿＿＿＿＿＿＿＿＿＿＿＿。

实际测量角度1：＿＿＿＿＿＿；实际测量角度2：＿＿＿＿＿＿；表面粗糙度值：＿＿＿＿。

思考2：锉削的加工特点是什么？常用在哪些领域？

答：＿＿＿＿＿＿＿＿＿＿＿＿＿＿＿＿＿＿＿＿。

锉削方法有＿＿＿＿、＿＿＿＿和＿＿＿＿三种。

按照图样要求，保证尺寸精度。

3. 修整

全面复检，并做必要的修整，锐边去毛刺。

4. 任务总结

根据所完成练习的情况，填写任务单表1。

任务单表1　任务总结表

序号	项目	内容
1	我学到的知识	1. 2.
2	还需要进一步提高的操作练习	1. 2.
3	存在疑问或者不懂的知识点	1. 2.
4	应该注意的问题	1. 2.

学习活动5　固定钳身的加工

知识目标

（1）进一步掌握锉削加工方法；
（2）进一步掌握立体划线的基本方法；
（3）进一步掌握螺纹加工方法；
（4）强化安全文明生产意识。

技能目标

（1）能检查和修正锉配误差；
（2）能正确划线；
（3）能够对螺纹进行加工；
（4）进一步巩固各项钳工技能。

素质目标

（1）具有精益求精的精神；
（2）树立安全意识。

任务描述

图 2.55 所示为小虎钳固定钳身零件图，本次任务将选择合适的加工工具和量具完成小虎钳固定钳身的加工，并达到图样所示的要求。在加工过程中将进一步掌握划线、锉削、钻孔、刀具刃磨等钳工基本技能，加工中要注意工、量具的正确使用。

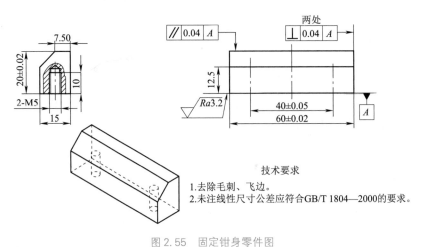

技术要求
1.去除毛刺、飞边。
2.未注线性尺寸公差应符合GB/T 1804—2000的要求。

图 2.55　固定钳身零件图

知识准备

盲孔加工。

若加工孔为盲孔（即不通孔），由于丝锥攻螺纹时不能攻到底，所以钻孔深度必须大于螺纹长度，其深度按下式计算：

$$钻孔的深度 = 所需的螺纹深度 + 0.7d \quad (d \text{ 为螺纹大径})$$

任务实施

一、任务分析

本任务是利用锉削、钻孔、攻螺纹等工艺完成小虎钳固定钳身的加工，通过练习学会利用锉刀、钻头进行正确的操作，达到图纸对活动钳身的相关技术要求，并掌握锉削、孔加工及划线技能，同时培养学生吃苦耐劳、团结协作的精神。

二、任务准备

设备、材料及工、量具准备清单见表 2.12。

表 2.12　设备、材料及工、量具准备清单

序号	类型	名称	规格	数量	备注
1	设备	台虎钳	150 mm	1	
2		台钻	ZB512	1	
3		平板	2 000 mm×15 000 mm	1	
4		方箱	300 mm×300 mm×300 mm	1	
5		砂轮机	M3030	1	
6	材料	备料图（Q235）			
7	量具	卡尺	200 mm	1	
8		千分尺	各规格	1	
9		正弦规	100 mm×80 mm	1	
10		量块	83 块	1	
11		高度尺	0~300 mm	1	
12		万能角度尺	0°~320°	1	
13		百分表（代表架）	0~10 mm	1	
14		刀口角尺	125 mm	1	
15		直角尺	100 mm×63 mm	1	
16	工具	锉刀	各规格	若干	根据任务选择
17		什锦锉	3 mm×140 mm（10 支装）	1	
18		锯弓	300 mm	1	
19		毛刷	—	—	
20		V 形块	—	1	
21		样冲	—	1	
22		钻头	φ4.2 mm	1	
23		丝锥	M8	1	
24		铰杠	—	1	
25		划针	—	1	
26		软钳口	—	1	
27		护目镜	—	1	

三、加工步骤

1. 基准面 A 加工

选择毛坯的长边为 A 基准面，图 2.56 所示为基准面 A 加工示意图，选取合适的加工工具进行加工，满足图样规定的直线度以及平面度要求。

2. 加工基准面

选择与基准面 A 相邻的任一垂直面 B 进行加工，满足图样规定的直线度以及平面度要求，以及同 A 面的垂直关系，如图 2.57 所示。

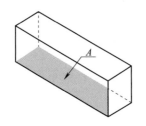

图 2.56 基准面 A 加工示意图

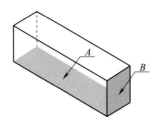

图 2.57 基准面 B 加工示意图

3. 加工 A、B 面的对面

如图 2.58 所示，A_1 面为基准面 A 对面的待加工面。

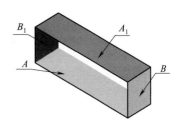

图 2.58 A_1、B_1 加工示意图

首先将基准面 A 贴合平板，用高度尺划出 20 mm 的加工参考线，A_1 加工方法与基准面 A 加工方法一致。加工完成后按照图样技术要求进行检测。

接着将基准面 B 贴合平板，用高度尺划出 60 mm 的加工参考线，B_1 加工方法与基准面 B 加工方法一致。加工完成后按照图样技术要求进行检测。

4. 螺纹加工

按照图样所示完成螺纹孔的加工。

（1）划线、打底孔；

（2）攻螺纹。

5. 锉削斜面

锉削加工，如图 2.59 所示，保证图样规定的技术要求。

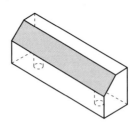

图 2.59 锉削加工示意图

四、任务实施要点及注意事项

（1）应根据设计基准划出加工线，保证加工、测量和划线基准一致。

（2）外形尺寸加工时，尺寸公差、垂直度误差、平行度误差应控制在最小范围内。

（3）装夹时利用软钳口装夹，避免对构件造成夹伤。

（4）钻孔时注意孔位置的准确性，并多测量，以保证两孔的对称度要求。

五、任务评价

学生根据任务要求完成任务后，教师根据任务实施过程及完成情况对结果按照表 2.13 进行评价。

表 2.13 任务评价表

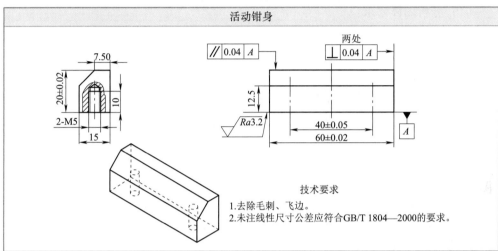

技术要求

1.去除毛刺、飞边。

2.未注线性尺寸公差应符合GB/T 1804—2000的要求。

		考评内容	分值	评分标准	得分	扣分原因
素养目标	1	培养学生理论联系实际的意识	5	在实践过程中能准确使用相关理论知识解决实际问题		
	2	不惧失败、敢于大胆尝试的精神	5	能够顺利完成任务		
操作要点	3	螺纹牙型有无偏斜	5	超差扣5分		
	4	姿势是否正确	5	不正确扣5分		
	5	螺纹牙型撕裂	5	酌情扣分		
	6	攻螺纹过程中丝锥有无断裂	5	断裂扣5分		
	7	套螺纹过程中板牙有无损坏	5	损坏扣5分		
	8	尺寸（60±0.02）mm	10	超差不得分		
	9	尺寸（20±0.02）mm	10	超差不得分		
	10	尺寸（40±0.05）mm	10	超差不得分		
	11	垂直度 ⊥ 0.04 A （2处）	10	超差不得分		
	12	平行度 // 0.04 A	10	超差不得分		
	13	表面粗糙度 3.2 μm	5	超差不得分		
安全文明操作	14	遵守安全操作规程，正确使用工、夹、量具，操作现场整洁	5	有一项不符合要求扣1分，扣完为止		
	15	安全用电，防火，无人身、设备损坏	5	因违规造成人身及设备损害，此项为0分		
总分						

工作任务单

任务实施

1. 分析图样，检查毛坯

（1）分析图样要求：_____。

（2）检查毛坯，应该完成的工作：_____。

2. 加工过程

1）加工面 A

根据图纸要求找出第一加工基准面 A，保证直线度、平面度，绘制加工简图。

（1）A 面粗加工。

锉削过程中，使用锉刀规格为_____进行锉削，粗锉过程分为以下两个阶段。

①单纯锉削阶段。

这一阶段中不进行测量，以尺寸线为基准。当平面被锉削距离要求尺寸线为 0.5 mm 时（肉眼估计），此阶段结束。

②锉削与测量综合运用阶段。

这一阶段开始要反复进行测量，最后留 0.15 mm 左右的加工余量后便转入精锉。

在粗锉加工过程中一般采用_____和_____两种方式，各自的特点有哪些？

_____。

（2）A 面精加工。

使用锉刀规格为_____进行锉削，锉削时要不断检查尺寸及平面度，并观察表面粗糙度情况，使得各项精度均符合要求。

锉削时可以使用顺向锉削或者推锉的方式。推锉时两手对称地握着锉刀，用两个大拇指推锉刀进行锉削。这种方式适用于：_____。

简述你所用的平面度检测方法：_____。

（3）A 面检测。

精加工过程中同时应该不断检测基准面和对面之间的尺寸，应该在_____。

分析：在锉削加工中经常出现 A 面呈现中间凸起状态，分析原因：_____

_____。

2）加工面 B

要求：按照图纸要求选取 A 面的相邻面为 B 加工面，保证 B 面平面度和垂直度。

思考：你是如何检查两者的垂直关系的：_____。

垂直度是否满足：是□　否□。

A 面加工示意图	*B* 面加工示意图

3）加工面 A_1

划出 A_1 面加工参考线，并绘制简图，完成加工，保证 *A* 面和 A_1 面的平行度。

尺寸要求：_____；实际测量尺寸：_____；平行度是否满足：是□　否□。

4）B_1 面加工

划出 B_1 面加工参考线，并绘制简图，完成加工，保证 *B* 面和 B_1 面的平行度。

尺寸要求：_____；实际测量尺寸：_____；平行度是否满足：是□　否□。

A_1 面加工示意图	B_1 面加工示意图

5）螺纹孔加工

按照图样要求完成该螺纹孔的加工。

（1）划线。

划出让位孔中心线并绘制简图。

螺纹加工示意图

（2）冲眼。

冲眼的作用：_____。

思考：在冲眼过程中如果发生位置歪斜，你是如何补救的？

答：_____。

底孔尺寸：_____；盲孔深度：_____。

6）斜面加工

根据图样技术要求，完成斜面加工。

3. 修整

全面复检，并做必要的修整，锐边去毛刺。

4. 任务总结

根据所完成练习的情况，填写任务单表 1。

任务单表 1　任务总结表

序号	项目	内容
1	我学到的知识	1. 2.
2	还需要进一步提高的操作练习	1. 2.
3	存在疑问或者不懂的知识点	1. 2.
4	应该注意的问题	1. 2.

学习活动 6　项目总结与评价

学习目标

（1）能完成小虎钳各个零部件的质量检测；

（2）能对个人实训成果进行有效总结；

（3）能听取别人的建议并加以改进。

一、成品检测

按照表 2.14 所示小虎钳检测标准再次对加工质量进行检验，并填写表 2.14。

表 2.14 小虎钳检测标准

序号	项目与技术要求	配分	自检结果	实测结果	扣分点及存在问题	得分
1	六边形手轮	20				
2	底板导轨	15				
3	活动钳身	20				
4	固定钳身	10				
5	固定块（课外项目）	5				
6	配合精度	20				
7	安全技术与文明生产	10				
8	合计	100				

二、个人总结

1. 你在加工及装配过程中遇到了哪些问题？你是如何克服的？

答：＿＿＿＿＿＿＿＿＿＿＿＿＿＿＿＿＿＿＿＿＿＿＿＿＿＿＿＿＿＿＿＿＿＿

＿＿＿＿＿＿＿＿＿＿＿＿＿＿＿＿＿＿＿＿＿＿＿＿＿＿＿＿＿＿＿＿＿＿＿＿＿＿

＿＿＿＿＿＿＿＿＿＿＿＿＿＿＿＿＿＿＿＿＿＿＿＿＿＿＿＿＿＿＿＿＿＿＿＿＿＿

＿＿＿＿＿＿＿＿＿＿＿＿＿＿＿＿＿＿＿＿＿＿＿＿＿＿＿＿＿＿＿＿＿＿＿＿＿＿

＿＿＿＿＿＿＿＿＿＿＿＿＿＿＿＿＿＿＿＿＿＿＿＿＿＿＿＿＿＿＿＿＿＿＿＿＿。

2. 现在假如要求你将自己加工的产品在小组内展示，请写出成果展示方案。

答：＿＿＿＿＿＿＿＿＿＿＿＿＿＿＿＿＿＿＿＿＿＿＿＿＿＿＿＿＿＿＿＿＿＿

＿＿＿＿＿＿＿＿＿＿＿＿＿＿＿＿＿＿＿＿＿＿＿＿＿＿＿＿＿＿＿＿＿＿＿＿＿＿

＿＿＿＿＿＿＿＿＿＿＿＿＿＿＿＿＿＿＿＿＿＿＿＿＿＿＿＿＿＿＿＿＿＿＿＿＿＿

＿＿＿＿＿＿＿＿＿＿＿＿＿＿＿＿＿＿＿＿＿＿＿＿＿＿＿＿＿＿＿＿＿＿＿＿＿。

3. 写出工作总结和评价，并完成自评表 2.15。

答：＿＿＿＿＿＿＿＿＿＿＿＿＿＿＿＿＿＿＿＿＿＿＿＿＿＿＿＿＿＿＿＿＿＿

＿＿＿＿＿＿＿＿＿＿＿＿＿＿＿＿＿＿＿＿＿＿＿＿＿＿＿＿＿＿＿＿＿＿＿＿＿＿

＿＿＿＿＿＿＿＿＿＿＿＿＿＿＿＿＿＿＿＿＿＿＿＿＿＿＿＿＿＿＿＿＿＿＿＿＿＿

＿＿＿＿＿＿＿＿＿＿＿＿＿＿＿＿＿＿＿＿＿＿＿＿＿＿＿＿＿＿＿＿＿＿＿＿＿＿

＿＿＿＿＿＿＿＿＿＿＿＿＿＿＿＿＿＿＿＿＿＿＿＿＿＿＿＿＿＿＿＿＿＿＿＿＿。

评价与分析

活动过程评价自评表见表2.15。

表2.15　活动过程评价自评表

班级	组别		姓名		学号		日期	年　月　日			
评价指标	评价要素					权重	等级评定				
							A	B	C	D	
信息检索	能利用网络资源、工作手册查找有效信息					5%					
	能用自己的语言有条理地去解释、表述所学知识					5%					
	能将查找到的信息有效转换到工作中					5%					
感知工作	是否熟悉工作岗位、认同工作价值					5%					
	在工作中是否获得满足感					5%					
参与状态	与教师、同学之间是否相互尊重、理解、平等					5%					
	与教师、同学之间是否能够保持多向、丰富、适宜的信息交流					5%					
	探究学习、自主学习不流于形式，处理好合作学习和独立思考的关系，做到有效学习					5%					
	能提出有意义的问题或能发表个人见解，能按要求正确操作，能够倾听、协作分享					5%					
	积极参与，在产品加工过程中不断学习，提高综合运用信息技术的能力					5%					
学习方法	工作计划、操作技能是否符合规范要求					5%					
	是否获得了进一步发展的能力					5%					
工作过程	遵守管理规程，操作过程符合现场管理要求					5%					
	平时上课的出勤情况和每天完成工作任务的情况					5%					
	善于多角度思考问题，能主动发现、提出有价值的问题					5%					
思维状态	是否能发现问题、提出问题、分析问题、解决问题、创新问题					5%					
自评反馈	按时、按质地完成工作任务					5%					
	较好地掌握了专业知识点					5%					
	具有较强的信息分析能力和理解能力					5%					
	具有较为全面、严谨的思维能力，并能条理明晰地表述成文					5%					
自评等级											
有益的经验和做法											
总结反思建议											

等级评定：A：好　　　B：较好　　　C：一般　　　D：有待提高

三、展示评价

把个人制作好的制件先进行分组展示，再由小组推荐代表作必要的介绍。在展示过程中，以组为单位进行评价；评价完成后，根据其他组成员对本组展示的成果评价意见进行归纳总结并完成表2.16。主要评价项目如下：

（1）展示的产品符合技术标准吗？（其他组填写）

合格□　　　　　　　不良□　　　　　　返修□　　　　报废□

（2）与其他组相比，本小组的产品工艺是否合理？（其他组填写）

工艺优化□　　　　　工艺合理□　　　　工艺一般□

（3）本小组介绍成果表达是否清晰？（其他组填写）

很好□　　　　　　　一般，常补充□　　不清晰□

（4）本小组演示产品检测方法操作是否正确？（其他组填写）

正确□　　　　　　　部分正确□　　　　不正确□

（5）本小组演示操作时是否遵循了6S的工作要求？（其他组填写）

符合工作要求□　　　忽略了部分要求□　完全没有遵循□

（6）本小组的成员团队创新精神如何？（其他组填写）

良好□　　　　　　　一般□　　　　　　不足□

（7）总结本次任务，本组是否达到学习目标？本组的建议是什么？你给予本组的评分是多少？（个人填写）

答：_____

_____

_____

_____

_____

_____

_____

_____

_____

_____

_____

_____

_____

学生：（签名）_____　　　　____年____月____日

表 2.16 活动过程评价互评表（组长填写）

班级		组别		姓名		学号		日期	年　月　日			
评价指标	评价要素							权重	等级评定			
									A	B	C	D
信息检索	能利用网络资源、工作手册查找有效信息							5%				
	能用自己的语言有条理地去解释、表述所学知识							5%				
	能将查找到的信息有效地转换到工作中							5%				
感知工作	是否熟悉自己的工作岗位、认同工作价值							5%				
	在工作中是否获得满足感							5%				
参与状态	与教师、同学之间是否相互尊重、理解、平等							5%				
	与教师、同学之间是否能够保持多向、丰富、适宜的信息交流							5%				
	能处理好合作学习和独立思考的关系，做到有效学习							5%				
	能提出有意义的问题或能发表个人见解，能按要求正确操作，能够倾听、协作分享							5%				
	积极参与，在产品加工过程中不断学习，综合运用信息技术的能力提高很大							5%				
学习方法	工作计划、操作技能是否符合规范要求							5%				
	是否获得了进一步发展的能力							5%				
工作过程	是否遵守管理规程，操作过程是否符合现场管理要求							5%				
	平时上课的出勤情况和每天完成工作任务的情况							5%				
	是否善于多角度思考问题，能主动发现、提出有价值的问题							5%				
思维状态	是否能发现问题、提出问题、分析问题、解决问题、创新问题							5%				
自评反馈	能严肃、认真地对待自评，并能独立完成自测试题							10%				
自评等级												
简要评述												

等级评定：A：好　　　B：较好　　　C：一般　　　D：有待提高

四、教师对展示的作品分别作评价

活动过程教师评价表见表 2.17。

表 2.17 活动过程教师评价表（教师填写）

班级		组别	姓名	学号	权重	评价
知识策略	知识吸收	能设法记住要学习的东西			3%	
		使用多样性手段，通过网络、技术手册等收集到较多有效信息			3%	
	知识构建	自觉寻求不同工作任务之间的内在联系			3%	
	知识应用	将学习到的东西应用到解决实际问题中			3%	
工作策略	兴趣取向	对课程本身感兴趣，熟悉自己的工作岗位，认同工作价值			3%	
	成就取向	学习的目的是获得高水平的成绩			3%	
	批判性思考	谈到或听到一个推论或结论时，会考虑到其他可能的答案			3%	
管理策略	自我管理	若不能很好地理解学习内容，会设法找到与该任务相关的其他资讯			3%	
	过程管理	正确回答材料和教师提出的问题			3%	
		能根据提供的材料、工作页和教师指导进行有效学习			3%	
		针对工作任务，能反复查找资料、反复研讨，编制有效的工作计划			3%	
		在工作过程中留有研讨记录			3%	
		团队合作中主动承担并完成任务			3%	
	时间管理	有效组织学习时间和按时按质完成工作任务			3%	
	结果管理	在学习过程中有满足、成功与喜悦等体验，对后续学习更有信心			3%	
		根据研讨内容，对讨论知识、步骤、方法进行合理的修改和应用			3%	
		课后能积极有效地进行自我反思，总结学习的长、短之处			3%	
		规范撰写工作小结，能进行经验交流与工作反馈			3%	
过程状态	交往状态	与教师、同学之间交流语言得体，彬彬有礼			3%	
		与教师、同学之间保持多向、丰富、适宜的信息交流和合作			3%	
	思维状态	能用自己的语言有条理地去解释、表述所学知识			3%	
		善于多角度思考问题，能主动提出有价值的问题			3%	
	情绪状态	能自我调控好学习情绪，能随着教学进程或解决问题的全过程而产生不同的情绪变化			3%	
	生成状态	能总结当堂学习所得或提出深层次的问题			3%	
	组内合作过程	分工及任务目标明确，并能积极组织或参与小组工作			3%	
		积极参与小组讨论并能充分地表达自己的思想或意见			3%	
	组际总结过程	能采取多种形式展示本小组的工作成果，并进行交流反馈			3%	
		对其他组学生所提出的疑问能做出积极有效的解释			3%	
		认真听取其他组的汇报发言，并能大胆地质疑或提出不同意见或建议			3%	
	工作总结	规范撰写工作总结			3%	
自评	综合评价	按照"活动过程评价自评表"，严肃认真地对待自评			5%	
互评	综合评价	按照"活动过程评价互评表"，严肃认真地对待互评			5%	
总评等级						
建议		评定人：（签名） 年 月 日				

等级评定：A：好　　B：较好　　C：一般　　D：有待提高

项目三 六根构件孔明锁的制作

你能将六根金属条状零件不用任何固定装置交叉固定在一起吗？早在两千多年前的孔明就发明了一种方法，即用一种咬合的方式把三组六根木条垂直相交固定，这种咬合在建筑上被广泛应用，在民间人们把孔明的这种发明称为孔明锁。

孔明锁从外观看是严丝合缝的十字立方体，它的设计和加工都体现了中国人的智慧，它的拆解和装配同样要人们动一番脑筋。制作孔明锁，既增强了我们的动手能力，且对放松身心、开发大脑、灵活手指均有好处。孔明锁看上去简单，其实内中奥妙无穷。

那么，你能否通过手工加工的方式加工出六根构件的孔明锁呢？

图 3.1 所示为六根构件孔明锁的三维图。

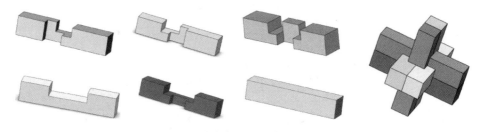

图 3.1 六根构件孔明锁的三维图

培养目标

1. 知识目标

（1）巩固划线、锉削、锯削、錾削等基本技能；

（2）掌握研磨的基本知识和原理；

（3）了解影响锉配精度的因素；

（4）掌握钻头的刃磨方法；

（5）掌握錾子的刃磨方法；

（6）掌握对称工件的划线和测量方法；

（7）掌握各种量具的使用方法。

2. 能力目标

（1）熟练掌握划线、锉削、锯削、錾削等基本技能；

（2）能够掌握研磨的基本方法；

（3）熟练掌握排孔加工；

（4）能够完成对称工件的划线和测量任务；

（5）能够正确刃磨钻头；

（6）能够正确对錾子进行刃磨；

（7）熟练掌握各种量具的使用。

3. 素质目标

（1）团队协作：能与人为善，能顾及他人想法，能通过团队协作完成任务；

（2）身心健康：具备积极的态度、强烈的责任心和浓厚的工作兴趣，有较好的社会角色适应性，行为举止符合职业特点和社会规范；

（3）交流沟通：能采取合适的方式方法与人交流，具有较好的亲和力；

（4）吃苦耐劳：通过手工加工与检测养成吃苦耐劳和精益求精的作风。

学习准备

零件图、工量具、毛坯料、实训教材。

学习过程

根据实训要求完成表3.1中所列出学习活动对应的工作任务。

表 3.1　任务点清单

序号	学习活动	考核点
1	阅读零件图，明确加工要求	加工工艺顺序
2	构件一的制作	各个构件的加工质量、任务完成情况及最终六根构件的配合情况
3	构件二的制作	
4	构件三的制作	
5	构件四的制作	
6	构件五的制作	
7	构件六的制作	
8	项目总结与评价	完成工作总结及评价

学习活动 1　阅读任务单，明确加工要求

知识目标

（1）能正确识读零件图及加工工艺卡，明确加工步骤；

（2）掌握钳工的一些安全文明生产知识。

技能目标

（1）能按照规定领取工作任务；

（2）能制定加工工艺卡，明确加工步骤。

素质目标

（1）培养团队意识；
（2）树立创新意识。

任务描述

　　学生在接受教师指定的工作任务后，在教师的指导下，读懂图纸，正确理解并制定加工工艺步骤。

任务实施

一、任务分析

本任务主要要求学生读懂图纸，分析并制定加工工艺步骤。

二、任务准备

设备、材料及工、量具准备清单见表3.2。

表3.2　设备、材料及工、量具准备清单

序号	类型	名称	规格	数量	备注
1	设备	台虎钳	150 mm	1	
2		台钻	—	1	
3		平板	—	1	
4		方箱	—	1	
5		砂轮机	—	1	
6	材料	102×21×21（mm）6件	45 钢	1	
7	量具	卡尺	200 mm	1	
8		千分尺	各规格	1	
9		塞尺	0.02~1 mm	1	
10		正弦规	100 mm×80 mm	1	
11		量块	83 块	1	
12		百分表（代表架）	0~10 mm	1	
13		万能角度尺	0°~320°	1	
14		高度尺	0~300 mm	1	
15		刀口角尺	100 mm×63 mm	1	
16		直角尺	125 mm	1	0 级

续表

序号	类型	名称	规格	数量	备注
17	工具	锉刀	各规格	若干	根据任务选择
18		锯弓	300 mm	1	
19		毛刷	—	—	
20		錾子	—	1	
21		样冲	—	1	
22		划针	—	1	
23		软钳口	—	1	
24		护目镜	—	1	

三、任务实施要点及注意事项

（1）实训安全注意事项；
（2）明确任务要求；
（3）严格按照任务要求完成指定工作。

四、任务评价

学生根据任务要求完成任务后，教师根据任务实施过程及完成情况对结果按照表 3.3 进行评价。

表 3.3　任务评价表

序号	考评内容	分值	评分标准	得分	扣分原因
1	劳保用品穿戴整齐，着装符合要求	10	穿着不符合要求扣10分		
2	及时完成老师布置的任务	20	未完成扣20分		
3	任务完成情况	20	未完成扣20分		
4	与同学之间能否相互合作	20	酌情扣分		
5	能严格遵守作息时间	20	酌情扣分		
6	安全文明操作	10	违章操作扣10分		
总分					

工作任务单

一、阅读完成生产任务单

根据任务完成任务单表 1 的填写，明确工作任务，并完成下列问题。

任务单表 1　孔明锁加工任务单

开单部门：＿＿＿＿＿		任课教师：＿＿＿＿＿		开单时间：＿＿＿＿＿	
姓　　名：＿＿＿＿＿		班　　级：＿＿＿＿＿		学　　号：＿＿＿＿＿	
以下由指导教师填写					
序号	产品名称	材料	数量	技术标准、质量要求	
1	孔明锁	45 钢		按图样要求	
任务细则		(1) 到仓库领取相应的材料； (2) 根据现场情况选用合适的工、量具和设备； (3) 根据加工工艺进行加工，交付检验； (4) 填写生产任务单，清理工作场地，完成工、量具及设备的维修和保养			
任务类型			完成工时		
以下有由学生本人和指导教师填写					
领取材料			实训室管理员（签名）		
领取工量具				年　　月　　日	
完成质量 （小组评价）			班长（签名）		
				年　　月　　日	
用户意见 （教师评价）			用户（签名）		
				年　　月　　日	
改进措施 （反馈改良）					

注：生产任务单与零件图样、工艺卡一起领取。

（1）请根据生产任务单，明确零件名称、制作材料、零件数量和完成时间。

作品名称：＿＿＿＿＿＿＿；制作材料：＿＿＿＿＿＿＿；

零件数量：＿＿＿＿＿＿＿；完成时间：＿＿＿＿＿＿＿。

（2）按照填写好的生产任务单（或领料单），分小组从指导教师处领取毛坯和相应的辅具，并检查是否能用和够用。

答：＿＿＿＿＿＿＿＿＿＿＿＿＿＿＿＿＿＿＿＿＿＿＿＿＿＿＿

（3）你的钳工桌上，毛坯、工具与量具的收藏和摆放符合 6S 现场管理规范吗？你是否正在养成好习惯？

答：_____。

二、分析零件图样，明确加工技术要求

分析后面所给孔明锁各个构件的零件图，回答以下问题：

（1）在孔明锁各个构件零件图中，采用了粗实线、细实线、点画线等线型，其分别用于表达什么信息？

答：_____。

（2）孔明锁的各个零件图分别使用了几个视图来表达零件的几何特性？各视图分别重点表达了孔明锁的哪些几何特性？

答：_____。

（3）仔细观察孔明锁零件图，多个零件对孔明锁加工有对称度的要求，思考如果对称度不满足要求，对装配有哪些影响？在加工中你将如何进行检测？

答：_____。

（4）图样中尺寸 $20_{-0.04}^{\ 0}$ mm 的基本尺寸是多少？上、下偏差各是多少？

答：_____。

（5）图样中 $\sqrt{}^{Ra1.6}$ 的含义是多少？

答：_____。

（6）图样中除包含基本的尺寸信息外，还包含了平行度、平面度、垂直度等形状位置信息，请查阅相关手册，说明下列代号的具体含义。

① $\boxed{\perp\ |\ 0.04\ |\ B}$ 表示：_____；

② $\boxed{/\!/\ |\ 0.04\ |\ A}$ 表示：_____；

③ $\boxed{\square\ |\ 0.04}$ 表示：_____。

（7）请将孔明锁的主要加工尺寸和几何公差要求填写在下面的任务单表 2 中。

任务单表 2　主要加工尺寸和几何公差

序号	项目	技术要求
1		
2		
3		
4		
5		
6		
7		
8		
9		

续表

序号	项目	技术要求
10		
11		
12		
13		
14		
15		

学习活动 2 构件一的制作

 知识目标

（1）掌握划线的找正和借料；
（2）巩固划线的基本操作技能；
（3）熟练掌握锉削的基本技能；
（4）掌握研磨的基本知识和原理。

 技能目标

（1）能够正确完成划线工作；
（2）熟练掌握各种形状材料的锉削技巧，并能达到一定的锯削精度；
（3）能够利用研磨达到相关技术要求。

素质目标

（1）树立勤俭节约意识；
（2）树立工匠精神。

任务描述

图 3.2 所示为孔明锁构件一的零件图，毛坯料尺寸为 102 mm×21 mm×21 mm。本次任务将选择合适的加工工具和量具对毛坯料进行手工加工，并达到图样所示的要求。在加工过程中将进一步掌握划线、锯削等钳工基本技能，并注意工、量具的正确使用。

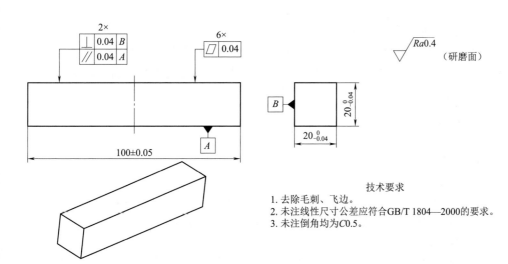

技术要求
1. 去除毛刺、飞边。
2. 未注线性尺寸公差应符合GB/T 1804—2000的要求。
3. 未注倒角均为$C0.5$。

图 3.2　孔明锁构件一零件图

　知识准备

一、找正

　　找正就是利用划线工具如划针、高度尺等使工件上有关的毛坯处于合适的位置。对毛坯工件进行加工，在划线前通常要完成找正工作。

　　如图 3.3 所示的轴承座，轴承底板厚度不均匀，内孔与外圆不同轴。利用找正方法可以以外圆找正内孔划线，以底部不加工面 1 为依据找正底面划线。找正划线后，内孔线与外圆同轴，底面厚度比较均匀。

　　找正的优势：

　　（1）按毛坯上不加工表面找正后划线，可使加工表面与不加工表面各处尺寸均匀。

图 3.3　毛坯工件的找正

　　（2）工件上有两个以上不加工表面时，以面积较大或重要的面为找正依据，可兼顾其他表面，将误差集中到次要或不显眼的部位上去。

　　（3）工件均为加工表面时，应按加工表面自身位置进行找正划线，以使加工余量均匀分布。

二、借料

1. 借料的定义

　　借料就是通过在加工之前试划和调整，使各个加工面的加工余量都能够合理分配、互相借用，从而保证各个加工表面在加工过程中都有足够的加工余量，而误差和缺陷可在加工后得以消除，或使其对工件加工的影响减小到最低程度。

2. 借料的应用

　　当铸、锻件毛坯在形状、尺寸和位置上的误差缺陷用找正后的划线方法不能补

救时，就要用借料的方法来解决。

加工之前要做好借料划线，首先要知道待划毛坯的误差程度，确定需要借料的方向和大小，这样才能提高划线效率。如果毛坯误差超过许可范围，就不能利用借料来补救了。

三、研磨

1. 研磨及应用

1）研磨的概念

用研磨工具（研具）和研磨剂从加工零件表面上磨掉一层极薄的金属，使加工零件达到较高的尺寸精度、几何精度和较小的表面粗糙度的加工方法称为研磨。

2）研磨的原理

研磨是以物理和化学的综合作用除去零件表层金属的一种加工方法，如图 3.4 所示。

（1）物理作用。

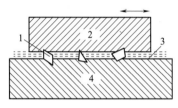

图 3.4　研磨原理图

1—磨料；2—工件；

3—研磨剂；4—研具

采用研磨加工时要求研具材料要比被研磨的工件材料软，当研磨剂中的微小颗粒（磨料）受到一定的压力后，会被压嵌在研具表面上，这些细微的磨料具有较高的硬度，在研磨过程中就像无数切削刃一样切去工件表面金属，在研具和工件做相对运动过程中，半固定或浮动的磨粒会在工件和研具之间做切削轨迹不固定的滑动和滚动，故而对工件产生微量的切削作用，均匀地从工件表面切去一层极薄的金属，借助于研具的精确型面，从而使工件逐渐得到准确的尺寸精度及合格的表面粗糙度。

（2）化学作用。

有的研磨剂能使工件材料发生化学反应。例如，采用易使金属氧化的氧化铬和硬脂酸配制的研磨剂时，与空气接触的工件表面很快形成一层极薄的氧化膜，氧化膜由于本身的特性又很容易被磨掉，这就是研磨的化学作用。

在研磨过程中，氧化膜迅速形成（化学作用），又不断被磨掉（物理作用），经过这样的多次反复，工件表面很快就达到预定的要求。由此可见，研磨加工实际体现了物理和化学的综合作用。

3）研磨的应用

（1）能得到精确的尺寸。

各种加工方法所能达到的精度是有一定限度的。随着工业的发展，对零件精度的要求在不断提高，因此有些零件必须经过研磨才能达到很高的精度要求。研磨后的尺寸误差可控制在 0.001~0.005 mm，尺寸公差可达 IT5~IT3。

（2）提高零件几何形状的准确性。

要使工件获得很准确的几何形状，用其他加工方法是难以达到的。例如，经无心磨床加工后的圆柱形工件，经常产生弧多边形，用研磨的方法则可加以纠正。

（3）减小表面粗糙度值。

工件的表面粗糙度是由加工方法决定的。表 3.4 所示为各种不同加工方法所能得到的表面粗糙度值。从表 3.4 中可以看出，经过研磨加工后的表面粗糙度值最小。一般情况下，研磨后表面的表面粗糙度值可达 $Ra0.8 \sim 0.05$ μm，最小可达 $Ra0.006$ μm。

由于研磨后的零件表面粗糙度值小、形状准确，所以其耐磨性、耐腐蚀性和疲劳强度也都相应得到提高，从而延长了零件的使用寿命。

研磨有手工操作和机械操作两种，特别是手工操作生产效率低、成本高，所以只有当零件允许的形状误差小于 0.005 mm、尺寸公差小于 0.01 mm 时，才用研磨方法加工。

表 3.4　各种加工方法所能得到表面粗糙度值的比较

加工方法	加工情况	表面方法的情况	表面粗糙度 Ra/μm
车			1.6~80
磨			0.4~5
压光			0.1~2.5
珩磨			0.1~1.0
研磨			0.05~0.2

4）研磨余量

由于研磨是微量切削，故每研磨一遍，所能去除的金属层不超过 0.002 mm，因此研磨余量不能太大，一般研磨量以 0.005~0.030 mm 为宜。有时研磨余量就留在工件的公差之内。

2. 研磨材料及工具

1）研具材料

研具材料应满足以下技术要求：材料的组织要细致均匀；要有很高的稳定性和耐磨性；具有较好的嵌存磨料的性能；工作面的硬度应比工件表面硬度稍软，使磨料能嵌入研具而不嵌入工件内。

常用的研具材料主要有以下几种。

（1）灰铸铁。

灰铸铁具有润滑性好、磨耗较慢、硬度适中、研磨剂在其表面容易涂布均匀等优点，是一种研磨效果好、价廉易得的研具材料，因此得到广泛的应用。

（2）球墨铸铁。

球墨铸铁的润滑性能好，耐磨，研磨效率较高，比一般灰铸铁更容易嵌存磨料，且嵌得更均匀，牢固适度，精度保持性优于灰铸铁，广泛应用于精密工件的研磨。

（3）低碳钢。

低碳钢的韧性较好，不容易折断，常用来制作小型的研具，如研磨螺纹和小直径工具、工件等。

（4）铜。

铜的硬度较软，表面容易被磨料嵌入，适于研磨余量大的工件。

2）研磨工具

（1）研磨平板。

平面研磨通常都采用研磨平板。粗研磨时，用有槽平板[见图3.5(a)]，以避免过多的研磨剂浮在平板上，易使工件研平；精研磨时，则用精密光滑平板[见图3.5(b)]。

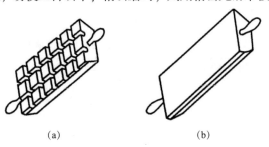

(a)　　　　　　　　　　(b)

图3.5　研磨平板

（2）研磨环。

研磨环主要用来研磨外圆柱表面。研磨环的内径应比工件的外径大 0.025 ~ 0.05 mm，当研磨一段时间后，若研磨环内孔磨大，则拧紧调节螺钉可使孔径缩小，以达到所需间隙[见图3.6(a)]。如图3.6（b）所示的研磨环，其孔径靠右侧的螺钉进行调整。

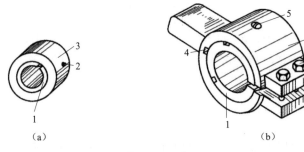

(a)　　　　　　　　　　(b)

图3.6　研磨环

1—研磨环；2—调节螺钉；3—外壳；4—通槽；5—定位螺钉；6—螺钉

（3）研磨棒。

研磨棒主要用于圆柱孔的研磨，通常有固定式和可调节式两种。

固定式研磨棒制造容易，但磨损后无法补偿，多用于单件研磨或机修工作当中。对工件上某一尺寸孔径的研磨，需通过预先制好的 2~3 个有粗、半精、精研磨余量的研磨棒来完成。通常有槽的研磨棒用于粗研[见图3.7(a)]，光滑的研磨棒用于精研[见图3.7(b)]。

可调节的研磨棒[见图3.7(c)]因为能在一定的尺寸范围内进行调整，故适用于成批生产中工件孔的研磨，可延长其使用寿命，应用较广。

如果把研磨环的内孔、研磨棒的外圆做成圆锥形，则可用来研磨内、外圆锥表面。

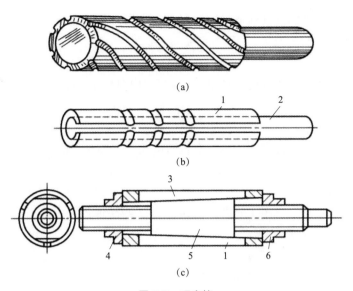

(a)

(b)

(c)

图 3.7　研磨棒

1—外套；2—芯棒；3—不通穿槽；4—左螺母；5—锥体；6—右螺母

四、研磨剂

研磨剂是由磨料和研磨液调和而成的一种混合剂。

1. 磨料

磨料在研磨中起切削作用，其种类很多，常根据工件材料和加工精度来选择。钢件或铸铁件粗研时，选用刚玉或白色刚玉，精研时可用氧化铬。

磨料粗细的选用：粗研磨，当表面粗糙度值 Ra 大于 $0.2\ \mu m$ 时，可用磨粉，粒度在 F100~F280 范围内选取。精研磨，当表面粗糙度值为 $Ra0.2~0.8\ \mu m$ 时，用微粉，粒度可用 F280~F400；表面粗糙度值 Ra 为 $0.1~0.005\ \mu m$ 时可用 F500~F800；表面粗糙度值 Ra 小于 $0.05\ \mu m$ 时可用 F1000 以下。

2. 研磨液

研磨液在研磨过程中起调和磨料、润滑、冷却、促进工件表面氧化、加速研磨的作用。

粗研钢件时，可用煤油、汽油或全损耗系统用油（又称机油）；精研时，可用全损耗系统用油与煤油混合的混合液。

3. 研磨膏

在磨料和研磨液中加入适量的石蜡、蜂蜡等填料和黏性较大而氧化作用较强的油酸、脂肪酸等，即可配制成研磨膏。

使用时将研磨膏加全损耗系统用油稀释即可进行研磨。研磨膏分粗、中、精三种，可按研磨精度的高低选用。

五、研磨方法

研磨分手工研磨和机械研磨两种。手工研磨时，要使工件表面各处都受到均匀的切削，并选择合理的运动轨迹，这对提高研磨效率、工件的表面质量和研具的耐用度都有直接的影响。

1. 研磨运动

为使工件能达到理想的研磨效果，根据工件形体的不同，可采用不同的研磨运动轨迹。

1）直线往复式

直线往复式运动轨迹常用于研磨有台阶的狭长平面等，能获得较高的几何精度，如图 3.8（a）所示。

2）直线摆动式

直线摆动式运动轨迹用于研磨某些圆弧面，如样板角尺、双斜面直尺的圆弧测量面，如图 3.8（b）所示。

3）螺旋式

螺旋式运动轨迹用于研磨圆片或圆柱形工件的端面，能获得较好的表面粗糙度和平面度，如图 3.8（c）所示。

4）8 字形或仿 8 字形

8 字形或仿 8 字形运动轨迹常用于研磨小平面工件，如量规的测量面等，如图 3.8（d）所示。

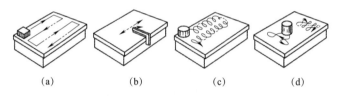

(a)   (b)   (c)   (d)

图 3.8　研磨运动轨迹

（a）直线往复式；（b）直线摆动式；（c）螺旋式；（d）8 字形或仿 8 字形

2. 平面研磨方法

1）一般平面研磨

工件沿平板全部表面，按 8 字形、仿 8 字形或螺旋式运动轨迹进行研磨，如图 3.9 所示。

2）狭窄平面研磨

为防止研磨平面产生倾斜和圆角，研磨时常用金属块做成导靠块，并采用直线研磨轨迹，如图 3.10 所示。

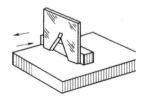

图 3.9　平面研磨　　　　　　图 3.10　狭窄平面研磨

3. 外圆面研磨方法

研磨外圆面时，可将工件装在车床顶尖之间，涂以研磨剂，然后套上研磨套进行。研磨时，工件转动，用手握住研磨套做往复运动，使表面磨出 45°交叉网纹，如图 3.11 所示。研磨一段时间后，应将工件掉头再进行研磨。

4. 研磨时的上料

研磨时的上料方法有以下两种。

1）压嵌法

（1）用三块平板在上面加上研磨剂，用原始研磨法轮换嵌料，使磨粒均匀嵌入平板内，以进行研磨工作。

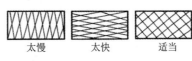

图 3.11 外圆面研磨

（2）用淬硬压棒将研磨剂均匀压入平板，以进行研磨工作。

2）涂敷法

涂敷法即在研磨前，将研磨剂涂敷在工件或研具上，其加工精度不及压嵌法高。

5. 研磨压力和速度

研磨时，压力与速度对研磨效率和研磨质量有很大影响。压力太大，研磨切削量虽大，但表面粗糙度差，且容易把磨料压碎而使表面划出深痕。一般情况下，粗磨时压力可大些，精磨时压力应小些，且速度也不应过快，否则会引起工件发热变形，尤其是研磨薄形工件和形状不规则的工件时更应注意。一般情况下，粗研磨速度为 40~60 次/min，精研磨速度为 20~40 次/min。

六、研磨注意事项

（1）粗、精研磨分开进行，研磨剂每次上料不宜太多，并要分布均匀，以免造成工件边缘研坏。

（2）研磨时，要特别注意清洁工作，不能使研磨剂中混入杂质，以免反复研磨时划伤工件表面。

（3）研窄平面要采用导靠块，研磨时使工件紧靠，保持研磨平面与侧面垂直，以避免产生倾斜和圆角。

（4）研磨工具与被研工件需要固定其一，否则会造成移动或晃动现象，甚至出现研具与工件损坏及伤人事故。

任务实施

一、任务分析

本任务主要是利用锉削工艺完成孔明锁构件一的加工，学生通过练习熟练掌握划线及锉削操作，达到规定的技术要求，同时培养学生吃苦耐劳、团结协作的精神。

二、任务准备

设备、材料及工、量具准备清单见表 3.5。

表 3.5　设备、材料及工、量具准备清单

序号	类型	名称	规格	数量	备注
1	设备	台虎钳	150 mm	1	
2		台钻	ZB512	1	
3		光滑平板	2 000 mm×15 000 mm	1	
4		方箱	300 mm×300 mm×300 mm	1	
5		砂轮机	M3030	1	
6	材料	备料图 45 钢			
7	量具	卡尺	200 mm	1	
8		千分尺	各规格	1	
9		高度尺	0~300 mm	1	
10		百分表（代表架）	0~10 mm	1	
11		刀口角尺	125 mm	1	
12		直角尺	100 mm×63 mm	1	
13	工具	锉刀	各规格	若干	根据任务选择
14		锯弓	300 mm	1	
15		毛刷	—	—	
16		V 形块	—	1	
17		研磨粉	W50~W100、W20~W40	1	
18		软钳口	—	1	

三、加工步骤

（1）检测毛坯料尺寸是否满足图样加工要求；

（2）加工基准面 A；

（3）加工基准面 B；

（4）加工各基准面的对面；

（5）加工与 A 面相垂直的两端面；

（6）研磨，减小表面粗糙度；

（7）倒角、去毛刺。

四、任务实施要点及注意事项

（1）根据图样技术要求，保证构件一在全长平面的平面度、垂直度、平行度等满足要求。

（2）表面粗糙度应尽可能小，以保证装配要求。

五、任务评价

零件加工完成后，根据学生的表现情况以及任务完成情况，对学生进行评价并完成任务评价表 3.6。

表 3.6　任务评价表

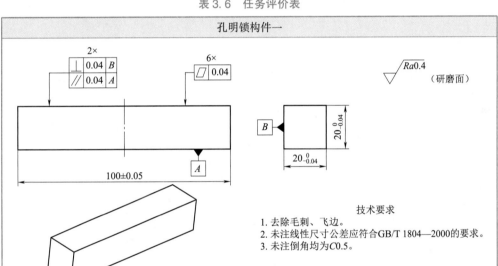

	考评内容		分值	评分标准	得分	扣分原因
素养目标	1	树立勤俭节约的意识	5	酌情给分		
	2	树立工匠精神	5			
操作要点	3	正确选用工、量具	5	工、量具选择不当扣 5 分		
	4	锉削基本操作技能	5	基本操作姿势不正确扣 5 分		
	5	（100±0.05）mm	10	超差 0.02 mm 扣 2 分，扣完为止		
	6	$20_{-0.04}^{0}$ mm（2 处）	10	超差 0.02 mm 扣 2 分，扣完为止		
	7	垂直度 ⊥ 0.04 B（2 处）	10	超差 0.02 mm 扣 2 分，扣完为止		
	8	平行度 ∥ 0.04 A（2 处）	10	超差 0.02 mm 扣 2 分，扣完为止		
	9	平面度 ▱ 0.04（6 处）	18	1 处不符合要求扣 3 分		
	10	表面粗糙度 Ra0.4 μm（6 处）	12	1 处不符合要求扣 2 分		

续表

考评内容		分值	评分标准	得分	扣分原因
安全文明操作	11 遵守安全操作规程，正确使用工、夹、量具，操作现场整洁	5	有一项不符合要求扣 1 分，扣完为止		
	12 安全用电，防火，无人身、设备损坏	5	因违规造成人身及设备损害，此项为 0 分		
总分					

工作任务单

任务实施

（1）根据加工要求，检查任务单图 1 所示毛坯尺寸是否符合图样要求：□是 □否。

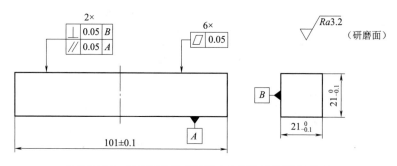

任务单图 1　孔明锁构件备料图（六根构件备料图相同）

（2）仔细查看构件一零件图上是否有漏掉的尺寸或者标注不清楚，对加工造成了影响？若有请说明。

答：_____

_____

（3）分析零件图样，并按照图样技术要求制定加工工序任务单表 1，为加工做好准备。

任务单表 1　构件一加工工序表

工序	工序内容	工具	工序简图
1			
2			

续表

工序	工序内容	工具	工序简图
3			
4			
5			
6			

（4）按照图样技术要求加工基准面 A。

选取其中一个大面作为第一个加工的基准面 A，加工方法及锉削注意事项同项目一中的学习活动 3。

①根据图样技术要求，写出主要加工尺寸、几何公差及表面质量要求，完成任务单表 2 的填写，为工件加工做准备。

任务单表 2　A 面加工检测表

项目	平面度	表面粗糙度
图样技术要求		
实际测量值		
检测人：		教师签名：

平面度测量方法：

a. 塞尺 _____。

b. 百分表 _____。

②根据图样技术要求，选择合适的工具完成 A 面的加工。

a. 选用的锉刀规格为：_____。

b. 锉削加工过程中你遇到过哪些问题？是如何解决的？

答：_____。

③加工完成后由小组长按照图样技术要求对结果进行检测，完成任务单表 2 的填写。

注意事项：尽可能降低表面粗糙度，以便于装配。

思考：你是如何降低表面粗糙度的？

答：_____。

（5）按照图样技术要求加工基准面 B。

选取其中 A 面的相邻大面作为加工面 B，加工方法及锉削注意事项同项目一中的学习活动3。

①根据图样技术要求，写出主要加工尺寸、几何公差及表面质量要求，完成任务单表3的填写，为工件加工做准备。

任务单表3 B 面加工检测表

项目	垂直度	平面度	粗糙度
图样技术要求			
实际测量值			
检测人：		教师签名：	

②根据技术要求完成 B 面的加工。

③加工完成后由小组长按照图样技术要求对结果进行检测，完成任务单表3的填写。

注意事项：尽可能降低表面粗糙度，以便于装配。

（6）按照图样技术要求分别加工 A 面与 B 面的对面 A_1 和 B_1。

①根据图样技术要求，写出主要加工尺寸、几何公差及表面质量要求，完成任务单表4的填写，为工件加工做准备。

任务单表4 A_1 面和 B_1 面加工检测表

项目	平行度		垂直度		实际尺寸		粗糙度	
	A_1	B_1	A_1	B_1	A_1	B_1	A_1	B_1
图样技术要求								
实际测量值								
检测人：				教师签名：				

②根据技术要求完成 A_1 面和 B_1 面的加工。

a. 选用的锉刀规格为：_____。

b. 锉削加工过程中你遇到了哪些问题？是如何解决的？

答：_____。

③加工完成后由小组长按照图样技术要求对结果进行检测，完成任务单表4的填写。

（7）按照图样技术要求分别加工与 A 面相垂直的两端面。

如何检测端面的相关技术要求：_____。

思考：

①加工端面过程中是否出现噪声过大？若出现，是如何解决的？

答：_____。

②在锉削六方体时，可否用小面来控制大平面的垂直度？为什么？

答：_____。

（8）任务评价总结。

根据所完成练习的情况，填写任务单表5和任务单表6。

任务单表5　自评表

项目	任务	完成情况记录表		
自评	是否按时完成任务	□是　　□否		
	任务完成情况			
	材料上交情况			
	应该注意的问题			
	我的收获			

任务单表6　互评表

项目	任务	小组互评	教师互评	总评
互评	是否按时完成任务			
	作品质量			
	语言表达能力			
	团队成员合作情况			

学习活动3　构件二的制作

 知识目标

（1）巩固正确的划线方法；

（2）巩固锯削的加工范围和特点；

（3）巩固锉削的加工范围和特点；

（4）掌握刀具刃磨的基本方法。

 技能目标

（1）能够根据图样技术要求正确划线；

（2）能够完成孔的加工；

（3）熟练掌握各种形状材料的锯削技巧，并能达到一定的锯削精度；

（4）熟练掌握各种形状材料的锉削技巧，并能达到一定的锉削精度；

（5）能够正确对刀具进行刃磨。

 素质目标

（1）培养学生坚韧不拔、持之以恒的精神；

（2）精益求精。

 任务描述

图3.12所示为构件二的零件图，毛坯料尺寸为102 mm×21 mm×21 mm。本次任

务将选择合适的加工工具和量具对毛坯料进行手工加工，并达到图样所示的要求。在加工过程中进一步掌握划线、锯削和锉削等钳工基本技能，加工中要注意工、量具的正确使用。

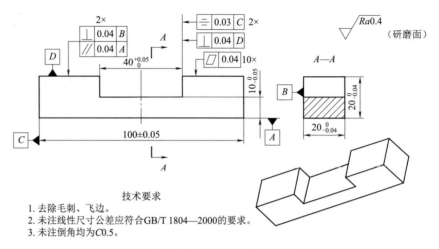

技术要求
1. 去除毛刺、飞边。
2. 未注线性尺寸公差应符合GB/T 1804—2000的要求。
3. 未注倒角均为C0.5。

图 3.12　孔明锁构件二零件图

一、麻花钻的刃磨

麻花钻刃磨姿势示意图如图 3.13 所示。

1. 两手握法

右手握住麻花钻的头部，左手握住麻花钻的柄部，如图 3.13（a）所示。

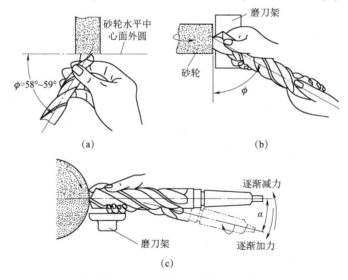

图 3.13　麻花钻刃磨姿势示意图
（a）刃磨时的握法；（b）钻头以磨刀架为支点示意图；（c）麻花钻尾部向下压

2. 钻头与砂轮的相对位置

麻花钻轴线与砂轮圆柱素线在水平面内的夹角等于麻花钻顶角的一半,被刃磨侧的主切削刃处于水平位置。

3. 刃磨动作

将主切削刃在略高于砂轮水平中心平面处先接触砂轮,右手缓慢地使钻头绕自己的轴线由下向上转动,左手配合右手同时使钻柄向下摆动,刃磨压力逐渐加大,以便于磨出后角。为保证钻头近中心处磨出较大后角,还应做适当的右移运动。反复轮换刃磨两后刀面。麻花钻刃磨压力不宜过大,并要经常沾水冷却,以防因过热退火而降低硬度。

二、对称度的检测

1. 对称度相关概念

(1) 对称度误差是指被测表面的对称平面与基准表面的对称平面间的最大偏移距离,如图 3.14 所示。

(2) 对称度公差带是距离为公差值 t,且相对基准中心平面对称配置的两平行平面之间的区域,如图 3.15 所示。

2. 对称度误差的测量

测量被测表面与基准面的尺寸 A 和 B,其差值的一半即为对称度的误差值,如图 3.16 所示。

  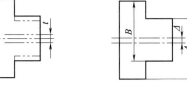

图 3.14 对称度误差　　图 3.15 对称度公差带　　图 3.16 对称度误差的测量

3. 对称度误差对工件互换精度的影响

如图 3.17 所示,如果凸凹件都有对称度误差 0.05 mm,并且在同方向位置上锉配达到要求间隙后,得到的两侧基准面对齐,则调换 180° 后做配合就会产生两侧面基准面的偏移误差,即其总差值为 0.1 mm。

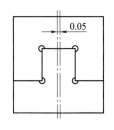 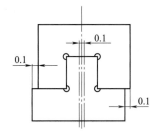

图 3.17 对称度误差对工件互换精度的影响

任务实施

一、任务分析

本任务主要是利用锯削、锉削加工完成毛坯料的准备,学生通过练习熟练掌握划线、锉削及錾削操作，达到规定的技术要求，同时培养学生吃苦耐劳、精益求精的工匠精神。

从零件图中可以看出，零件长为 100 mm，宽和高均为 20 mm。

二、任务准备

设备、材料及工、量具准备清单见表 3.7。

表 3.7　设备、材料及工、量具准备清单

序号	类型	名称	规格	数量	备注
1	设备	台虎钳	150 mm	1	
2		台钻	ZB512	1	
3		光滑平板	2 000 mm×15 000 mm	1	
4		方箱	300 mm×300 mm×300 mm	1	
5		砂轮机	M3030	1	
6	材料	备料图45钢（数量1）			
7	量具	卡尺	200 mm	1	
8		千分尺	各规格	1	
9		高度尺	0~300 mm	1	
10		百分表（代表架）	0~10 mm	1	
11		刀口角尺	125 mm	1	
12		直角尺	100 mm×63 mm	1	
13	工具	锉刀	各规格	若干	根据任务选择
14		什锦锉	3 mm×140 mm（10 支装）	1	
15		锯弓	300 mm	1	
16		毛刷	—	—	
17		V形块	—	1	
18		样冲	—	1	
19		钻头	$\phi 3$ mm	1	
20		錾子	—	1	
21		研磨粉	W50~W100、W20~W40	1	
22		软钳口	—	1	

三、加工步骤

（1）检测毛坯料尺寸是否满足图样加工要求。

（2）按照技术要求，根据本项目学习活动 2 构件一加工步骤，将构件二的外形加工出来。

（3）划出中间开口槽的加工线。

（4）加工排孔。

（5）錾削加工，去除多余金属。

（6）锉削加工，保证尺寸要求。

（7）倒角、去毛刺。

四、任务实施要点及注意事项

（1）根据图样技术要求，保证构件二在全长平面的平面度、垂直度和平行度等满足要求。

（2）开口槽根部要清理干净，以保证装配要求。

（3）表面粗糙度应尽可能小，以保证装配要求。

五、任务评价

零件加工完成后，根据学生的表现情况以及任务完成情况，对学生进行评价并完成表 3.8。

表 3.8　任务评价表

孔明锁构件二

技术要求
1. 去除毛刺、飞边。
2. 未注线性尺寸公差应符合GB/T 1804—2000的要求。
3. 未注倒角均为C0.5。

		考评内容	分值	评分标准	得分	扣分原因
职业素养	1	吃苦耐劳	2	酌情给分		
	2	团结协作	3			
	3	纪律观念	3			
	4	实习态度	2			

		考评内容	分值	评分标准	得分	扣分原因
操作要点	1	正确选用工、量具	5	工、量具选择不当扣5分		
	2	锉削基本操作技能	5	基本操作姿势不正确扣5分		
	3	锯削的基本技能	5	基本操作姿势不正确扣5分		
	4	（100±0.05）mm	5	超差 0.02 mm 扣 2 分，扣完为止		
	5	$20_{-0.04}^{0}$ mm（2处）	5	超差 0.02 mm 扣 2 分，扣完为止		
	6	$40_{0}^{+0.05}$ mm	10	超差 0.02 mm 扣 2 分，扣完为止		
	7	$10_{-0.05}^{0}$ mm	10	超差 0.02 mm 扣 2 分，扣完为止		
	8	垂直度 0.04 mm（3处）	6	超差 0.02 mm 扣 2 分，扣完为止		
	9	平行度（2处）	10	超差 0.02 mm 扣 2 分，扣完为止		
	10	平面度 0.04 mm（10处）	10	超差 0.02 mm 扣 2 分，扣完为止		
	11	对称度	4	超差 0.02 mm 扣 2 分，扣完为止		
	12	表面粗糙度 $Ra0.4$ μm（10处）	5	1 处不符合要求，扣 2 分		
安全文明操作	13	安全文明操作	10	1 次违章操作扣 5 分，扣完为止		
总分						

工作任务单

任务实施

（1）根据加工要求，检查任务单图 1 所示毛坯尺寸是否符合图样要求：□是 □否。

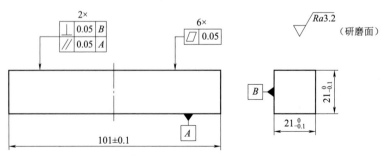

任务单图 1　孔明锁构件备料图（六根构件一致）

（2）仔细查看构件二零件图上是否有漏掉的尺寸或者标注不清楚，对加工造成了影响？若有请说明。

答：_____。

（3）分析零件图样，并按照图样技术要求制定加工工序表（见任务单表 1），为加工做好准备（和构件一相同的无须写出）。

任务单表 1　构件二加工工序表

工序	工序内容	工具	工序简图
1			
2			
3			
4			
5			
6			

（4）按照图样技术要求加工基准面 A。

选取其中一个大面作为第一个加工的基准面 A，加工方法及锉削注意事项同项目一中的学习活动 3。

①根据图样技术要求，写出主要加工尺寸、几何公差及表面质量要求，完成任务单表 2 的填写，为工件加工做准备。

任务单表 2　A 面加工检测表

项目	平面度	粗糙度
图样技术要求		
实际测量值		
检测人：		教师签名：

②根据图样技术要求，选择合适的工具完成 A 面的加工。

③加工完成后由小组长按照图样技术要求对结果进行检测，完成任务单表 2 的填写。

（5）按照图样技术要求加工基准面 B。

选取其中 A 面的相邻大面作为加工面 B，加工方法及锉削注意事项同项目一中的学习活动 3。

①根据图样技术要求写出主要加工尺寸、几何公差及表面质量要求，完成任务单表 3 的填写，为工件加工做准备。

任务单表3　B 面加工检测表

项目	垂直度	平面度	粗糙度
图样技术要求			
实际测量值			
检测人：		教师签名：	

②根据技术要求完成 B 面的加工。

③加工完成后由小组长按照图样技术要求对结果进行检测，完成任务单表 3 的填写。

注意事项：尽可能降低表面粗糙度，以便于装配。

（6）按照图样技术要求分别加工 A 面与 B 面的对面 A_1 和 B_1。

①根据图样技术要求，写出主要加工尺寸、几何公差及表面质量要求，完成任务单表 4 的填写，为工件加工做准备。

任务单表4　A_1 面和 B_1 面加工检测表

项目	平行度		垂直度		实际尺寸		粗糙度	
	A_1	B_1	A_1	B_1	A_1	B_1	A_1	B_1
图样技术要求								
实际测量值								
检测人：				教师签名：				

②根据技术要求完成 A_1 面和 B_1 面的加工。

③加工完成后由小组长按照图样技术要求对结果进行检测，完成任务单表 4 的填写。

（7）按照图样技术要求分别加工与 A 面相垂直的两端面。

端面平面度为：＿＿＿＿＿＿＿＿。

（8）划线。

根据图样要求划开口槽加工线，槽两侧划线基准为＿＿＿＿＿＿，划线尺寸为＿＿＿＿＿＿＿；槽底面划线基准为＿＿＿＿＿，划线尺寸为＿＿＿＿＿＿；排孔位划线基准为＿＿＿＿＿，划线尺寸为＿＿＿＿＿＿。

（9）排孔加工。

在上述排孔位的划线位置，打样冲眼并用 φ3 mm 钻头加工排孔。

注意事项：相邻排孔应该尽量密一点，但是相邻孔之间不能出现相交，以免出现钻头歪斜、折断现象。

（10）锯削开口槽两侧面。

沿着锯削线锯除多余部分，留有锉削余量。

（11）錾去开口槽余料。

利用扁錾去除多余部位。

思考：①錾子的握法包括_____、_____和_____三种，你选择的握法为_____。

挥锤的方法有_____、_____和_____三种，你选择的挥锤方式为_____。

②錾子的种类有哪些？分别适用于哪些场合？

答：_____。

注意事项：当錾削快到尽头时，必须掉头加工，以免使边缘崩裂。

（12）粗锉、精锉余量。

凹槽锉削加工示意图如任务单图 2 所示。

①粗锉、精锉主接触线条（余量为 0.1~0.2 mm）。

②精锉开口槽底面 1，根据 20 mm 的实际尺寸值，控制 10 mm 的尺寸误差值，从而保证配合精度。

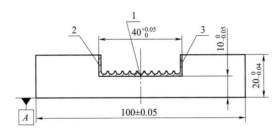

任务单图 2　凹槽锉削加工示意图

③精锉开口槽两侧垂直面 2、3，同样根据外形 100 mm 实际尺寸和开口宽度 40 mm 的尺寸，以 A 面为基准控制 10 mm 误差值，保证孔明锁构件间的配合。

④加工完成后由小组长按照图样技术要求对结果进行检测，完成任务单表 5 的填写。

任务单表 5　开口槽加工检测表

项目	垂直度		对称度	实际尺寸		表面粗糙度		
	2面	3面	2面、3面	槽宽	槽深	1面	2面	3面
图样技术要求								
实际测量值								
检测人：				教师签名：				

思考：对称度是如何检测的？

答：＿＿＿＿＿＿＿＿＿＿＿＿＿＿＿＿＿＿＿＿＿。

（13）锐边倒角，修光，自检。

利用检测工具再次对构件二进行检测。

（14）任务评价总结。

根据所完成练习的情况，填写任务单表6和任务单表7。

任务单表6　自评表

项目	任务	完成情况记录表	
自评	是否按时完成任务	□是　　　□否	
	任务完成情况		
	材料上交情况		
	应该注意的问题		
	我的收获		

任务单表7　互评表

项目	任务	小组互评	教师互评	总评
互评	是否按时完成任务			
	作品质量			
	语言表达能力			
	团队成员合作情况			

 学习活动4　构件三的制作

知识目标

（1）巩固正确的划线方法；

（2）巩固锯削的加工范围和特点；

（3）巩固锉削的加工范围和特点；

（4）掌握錾子的刃磨方法。

技能目标

（1）能够根据图样技术要求正确划线；

（2）熟练掌握各种形状材料的锯削技巧，并能达到一定的锯削精度；

（3）熟练掌握各种形状材料的锉削技巧，并能达到一定的锉削精度；

（4）能够利用砂轮机对錾子进行正确刃磨。

素质目标

（1）吃苦耐劳；

（2）精益求精。

任务描述

图 3.18 所示为孔明锁构件三的零件图，毛坯料尺寸为 102 mm×21 mm×21 mm。本次任务将选择合适的加工工具和量具对毛坯料进行手工加工，并达到图样所示的要求。在加工过程中进一步掌握划线、锯削和锉削等钳工基本技能，加工中要注意工、量具的正确使用。

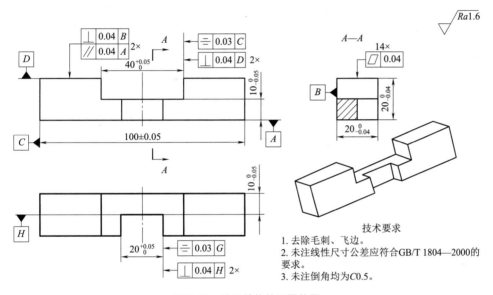

图 3.18　孔明锁构件三零件图

技术要求

1. 去除毛刺、飞边。
2. 未注线性尺寸公差应符合GB/T 1804—2000的要求。
3. 未注倒角均为C0.5。

知识准备

一、錾子刃磨及其热处理

1. 錾子的刃磨

錾子切削部分的好坏直接影响切削的质量和工作效率，所以要按正确的形状刃磨，并使切削刃锋利、光滑、平整。

1）錾子楔角的选择

錾子两个切削面间的夹角称为楔角 β_0（见图 3.19）。楔角的大小对錾削有直接影响，一般楔角越小，錾削越省力。但楔角过小会造成切削刃薄弱，容易崩刃；楔角

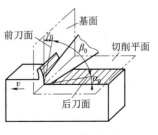

图 3.19　錾子角度

过大时，錾切费力，錾切表面也不容易平整。通常要根据被加工材料的软硬来决定楔角的大小。錾削较软的金属，楔角可取 30°~50°；錾削较硬的金属，楔角可取 60°~70°；一般硬度的钢件或铸铁，楔角可取 50°~60°。

2）其他要求

切削刃要与錾子的几何中心线垂直，且应在錾子的对称平面上。扁錾切削刃略呈弧形，保证在平面上錾去微小的凸起部分时，切削刃两边的尖角不会损伤平面的其他部分。

3）刃磨方法

开动砂轮机后必须观察旋转方向是否正确（砂轮朝向操作者一面应向下转），并要等到速度稳定后才可使用。刃磨錾子时应站在砂轮机的斜侧位置，不能正对砂轮的旋转方向。双手握住錾子，在砂轮的边缘上进行刃磨。刃磨时，必须使錾子的切削刃高于砂轮水平中心线，以免切削刃扎入砂轮。切削刃在砂轮全宽上做左右平稳移动（见图 3.20），这样容易磨平，而且砂轮的损耗也均匀，可延长砂轮的使用寿命。刃磨时压力要适

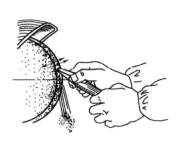

图 3.20　錾子刃磨

当、平稳、均匀，并要控制錾子的方向、位置，保证磨出所需的楔角值；加在錾子上的压力不宜过大，并要经常沾水冷却，以防退火。

2. 錾子的热处理

1）淬火

加热切削刃部分 15~20 mm 处至暗红色（750~780 ℃）后，垂直浸入冷水 5~6 mm，并缓慢移动，以加速冷却，同时使淬硬部分与未淬硬部分不致有明显的界线，避免錾子在此处断裂。

2）回火

当淬火至錾子水外部分为黑红色时，取出后利用部分余热进行自身回火，擦去氧化皮观察切削刃颜色变化，平錾呈紫色，尖錾呈棕黄色，再次将錾子放入水中冷却。

任务实施

一、任务分析

本任务主要是利用锯削、锉削以及錾削加工完成毛坯料的准备，学生通过练习熟练掌握划线、锉削以及錾削操作，达到规定的技术要求，同时培养学生吃苦耐劳、精益求精的工匠精神。

从零件图可以看出，零件长为 100 mm，宽和高均为 20 mm，零件对称度要求较高。

二、任务准备

设备、材料及工、量具准备清单见表 3.9。

表 3.9　设备、材料及工、量具准备清单

序号	类型	名称	规格	数量	备注
1	设备	台虎钳	150 mm	1	
2		台钻	ZB512	1	
3		光滑平板	2 000 mm×15 000 mm	1	
4		方箱	300 mm×300 mm×300 mm	1	
5		砂轮机	M3030	1	
6	材料				

$2\times$

| ⊥ | 0.05 | B |
| // | 0.05 | A |

$6\times$

| ∠ | 0.05 |

$\sqrt{}$ Ra3.2

$21_{-0.1}^{0}$

B

101 ± 0.1

A

$21_{-0.1}^{0}$

备料图 Q235（数量 1）

7	量具	卡尺	200 mm	1	
8		千分尺	各规格	1	
9		高度尺	0~300 mm	1	
10		百分表（代表架）	0~10 mm	1	
11		刀口角尺	125 mm	1	
12		直角尺	100 mm×63 mm	1	
13	工具	锉刀	各规格	若干	根据任务选择
14		什锦锉	3 mm×140 mm（10 支装）	1	
15		锯弓	300 mm	1	
16		毛刷	—	—	
17		V 形块	—	1	
18		样冲	—	1	
19		钻头	$\phi3$ mm	1	
20		錾子	—	1	
21		研磨粉	W50~W100、W20~W40	1	
22		软钳口	—	1	

三、加工步骤

（1）检测毛坯料尺寸是否满足图样加工要求。

（2）按照构件一加工步骤，将构件三的外形加工出来。

（3）划出中间宽开口槽的加工线。

（4）加工排孔。

（5）錾削加工，去除多余金属。

(6) 锉削加工，保证尺寸要求。

(7) 倒角、去毛刺。

四、任务实施要点及注意事项

(1) 根据图样技术要求，保证构件开口槽的技术要求。

(2) 开口槽根部要清理干净，以保证装配要求。

(3) 表面粗糙度应尽可能小，以保证装配要求。

五、任务评价

零件加工完成后，根据学生的表现情况以及任务完成情况，对学生进行评价并完成表 3.10。

表 3.10　任务评价表

	考评内容		分值	评分标准	得分	扣分原因
职业素养	1	吃苦耐劳	2	酌情给分		
	2	团结协作	3			
	3	纪律观念	2			
	4	实习态度	3			
操作要点	1	正确选用工、量具	5	工、量具选择不当扣 5 分		
	2	锉削基本操作技能	5	基本操作姿势不正确扣 5 分		
	3	锯削的基本技能	5	基本操作姿势不正确扣 5 分		
	4	（100±0.05）mm	5	超差 0.02 mm 扣 2 分，扣完为止		

续表

	考评内容	分值	评分标准	得分	扣分原因
操作要点	5	$20_{-0.04}^{0}$ mm（2处）	5	超差 0.02 mm 扣 2 分，扣完为止		
	6	$20_{0}^{+0.05}$ mm	5	超差 0.02 mm 扣 2 分，扣完为止		
	7	$40_{0}^{+0.05}$ mm	5	超差 0.02 mm 扣 2 分，扣完为止		
	8	$10_{-0.05}^{0}$ mm（2处）	5	超差 0.02 mm 扣 2 分，扣完为止		
	9	垂直度（6处）	10	超差 0.02 mm 扣 2 分，扣完为止		
	10	平行度（2处）	10	超差 0.02 mm 扣 2 分，扣完为止		
	11	平面度（14处）	10	超差 0.02 mm 扣 2 分，扣完为止		
	12	对称度（2处）	5	超差 0.02 mm 扣 2 分，扣完为止		
	13	表面粗糙度 $Ra1.6$ μm（10处）	5	1 处不符合要求，扣 2 分		
安全文明操作	14	安全文明操作	10	1 次违章操作扣 5 分，扣完为止		
	总分					

工作任务单

任务实施

（1）根据加工要求，检查毛坯尺寸是否符合任务单图 1 所示图样要求：□是 □否。

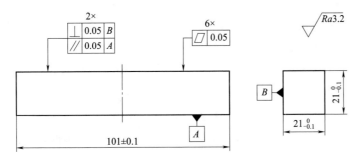

任务单图 1　孔明锁备料图（六根构件一致）

（2）仔细查看零件图上是否有漏掉的尺寸或者标注不清楚，对加工造成了影响？若有请说明。

　　答：＿＿＿＿＿＿＿＿＿＿＿＿＿＿＿＿＿＿＿＿＿＿＿＿＿＿＿＿＿＿＿。

　　（3）分析零件图样，并按照图样技术要求制定加工工序表（见任务单表1），为加工做好准备（与构件一相同的无须写出）。

任务单表1　构件三加工工序表

工序	工序内容	工具	工序简图
1			
2			
3			
4			
5			
6			
7			

　　（4）按照图样技术要求加工基准面 *A*。

　　选取其中一个大面作为第一个加工的基准面 *A*。

　　①根据图样技术要求，写出主要加工尺寸、几何公差及表面质量要求，完成任务单表2的填写，为工件加工做准备。

任务单表2　*A* 面加工检测表

项目	平面度	表面粗糙度
图样技术要求		
实际测量值		
检测人：	教师签名：	

②根据图样技术要求，选择合适的工具完成 A 面的加工。

③加工完成后由小组长按照图样技术要求对结果进行检测，完成任务单表 2 的填写。

注意事项：尽可能降低表面粗糙度，以便于装配。

（5）按照图样技术要求加工基准面 B。

选取其中 A 面的相邻大面作为加工面 B。

①根据图样技术要求，写出主要加工尺寸、几何公差及表面质量要求，完成任务单表 3 的填写，为工件加工做准备。

任务单表 3　B 面加工检测表

项目	垂直度	平面度	表面粗糙度
图样技术要求			
实际测量值			
检测人：		教师签名：	

②根据技术要求完成 B 面的加工。

③加工完成后由小组长按照图样技术要求对结果进行检测，完成任务单表 3 的填写。

注意事项：尽可能降低表面粗糙度，以便于装配。

（6）按照图样技术要求分别加工 A 面与 B 面的对面 A_1 和 B_1。

①根据图样技术要求，写出主要加工尺寸、几何公差及表面质量要求，完成任务单表 4 的填写，为工件加工做准备。

任务单表 4　A_1 面和 B_1 面加工检测表

项目	平行度		垂直度		实际尺寸		表面粗糙度	
	A_1	B_1	A_1	B_1	A_1	B_1	A_1	B_1
图样技术要求								
实际测量值								
检测人：				教师签名：				

②根据技术要求完成 A_1 面和 B_1 面的加工。

③加工完成后由小组长按照图样技术要求对结果进行检测，完成任务单表 4 的填写。

（7）按照图样技术要求分别加工与 A 面相垂直的两端面。

检测端面平面度为：_____。

（8）加工开口槽 I。

①划线。

根据任务单图 2 和任务单图 3 所示图样要求划开口槽加工线，槽两侧划线基准为_____，划线尺寸为_____；槽底面划线基准为_____，划线尺寸为_____；排孔位划线基准为_____，划线尺寸为_____。

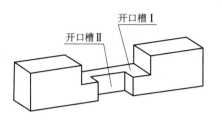

任务单图2 构件三开口槽Ⅰ和Ⅱ加工位置

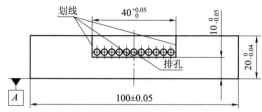

任务单图3 构件三开口槽Ⅰ排孔加工示意图

②排孔加工。

在上述排孔位的划线位置打样冲眼，并用 ϕ3 mm 钻头加工排孔。

注意事项：相邻排孔应该尽量密一点，但是相邻孔之间不能出现相交，以免出现钻头歪斜、折断现象。

③锯削两侧面。

沿着锯削线锯除多余部分，留有锉削余量。

④錾去余料。

利用扁錾去除多余部位。

使用錾子类型为＿＿＿＿＿＿＿＿，主要用途为＿＿＿＿＿＿＿＿＿＿＿＿＿＿＿＿＿＿＿＿。

錾子切削金属时必须具备两个条件：a. ＿＿＿＿＿＿＿＿＿＿＿＿＿＿＿＿＿＿＿＿＿；

b. ＿＿＿＿＿＿＿＿＿＿＿＿＿＿＿＿＿＿＿＿＿＿＿＿＿＿＿＿＿＿＿＿＿＿＿＿＿＿。

注意事项：当錾削快到尽头时，必须掉头加工，以免使边缘崩裂。

⑤粗锉、精锉余量，如任务单图4所示。

a. 粗锉、精锉主接触线条（余量为 0.1~0.2 mm）。

b. 精锉开口槽底面1，根据 20 mm 的实际尺寸值控制 10 mm 的尺寸误差值，从而保证配合精度。

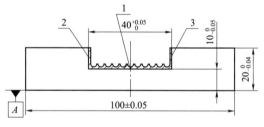

任务单图4 锯削余量

c. 精锉开口槽两侧垂直面 2、3，同样根据外形 100 mm 的实际尺寸和开口宽度 40 mm 的尺寸，以 A 面为基准控制 10 mm 误差值，保证孔明锁构件间的配合。

d. 加工完成后由小组长按照图样技术要求对结果进行检测，完成任务单表5的填写。

任务单表5 开口槽加工检测表

项目	垂直度		对称度	实际尺寸		表面粗糙度		
	2面	3面	2面、3面	槽宽	槽深	1面	2面	3面
图样技术要求								
实际测量值								
检测人：				教师签名：				

（9）加工开口槽Ⅱ。

①划线。

根据图样要求划窄槽加工线，槽两侧划线基准为_____，划线尺寸为_____；槽底面划线基准为_____，划线尺寸为_____；排孔位划线基准为_____，划线尺寸为_____。

②排孔加工。

在上述排孔位的划线位置打样冲眼，并用φ3 mm钻头加工排孔。

注意事项：相邻排孔应该尽量密一点，但是相邻孔之间不能出现相交，以免出现钻头歪斜、折断现象。

③锯削两侧面。

沿着锯削线锯除多余部分，留有锉削余量。

④錾去余料。

⑤粗锉、精锉余量。

窄槽加工示意图如任务单图5所示。

a. 粗锉、精锉主接触线条（余量为0.1~0.2 mm）。

b. 精锉开口槽底面4，根据20 mm的实际尺寸值，以 B 面为基准控制10 mm误差值，保证孔明锁构件间的配合，从而保证配合精度。

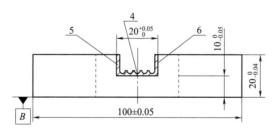

任务单图5 窄槽加工示意图

c. 精锉开口槽两侧垂直面5、6，保证 $40^{+0.05}_{0}$ mm 和 $20^{+0.05}_{0}$ mm 的对称度，以及与其他零件的配合精度。

d. 加工完成后由小组长按照图样技术要求对结果进行检测，完成任务单表6的填写。

任务单表6　$20^{+0.05}_{0}$ mm 开口槽加工检测表

项目	垂直度		对称度	实际尺寸		表面粗糙度		
	5面	6面	5面、6面	槽宽	槽深	4面	5面	6面
图样技术要求								
实际测量值								
检测人：				教师签名：				

思考：你是如何检查对称度的？

答：_____。

（10）锐边倒角，修光，自检。

利用检测工具再次对构件三进行检测。

（11）任务评价总结。

根据所完成练习的情况，填写任务单表7和任务单表8。

任务单表7　自评表

项目	任务	完成情况记录表
自评	是否按时完成任务	□是　　□否
	任务完成情况	
	材料上交情况	
	应该注意的问题	
	我的收获	

任务单表8　互评表

项目	任务	小组互评	教师互评	总评
互评	是否按时完成任务			
	作品质量			
	语言表达能力			
	团队成员合作情况			

学习活动5　构件四的制作

知识目标

（1）巩固正确的划线方法；

（2）巩固锯削的加工范围和特点；

（3）巩固锉削的加工范围和特点。

技能目标

（1）能够根据图样技术要求正确划线；

（2）熟练掌握各种形状材料的锯削技巧，并能达到一定的锯削精度；

（3）熟练掌握各种形状材料的锉削技巧，并能达到一定的锉削精度。

素质目标

（1）吃苦耐劳；

（2）精益求精。

任务描述

图3.21所示为构件四的零件图，毛坯料尺寸为102 mm×21 mm×21 mm。本次任务将选择合适的加工工具和量具对毛坯料进行手工加工，并达到图样所示的要求。在加工过程中进一步掌握划线、锯削和锉削等钳工基本技能，加工中要注意工、量具的正确使用。

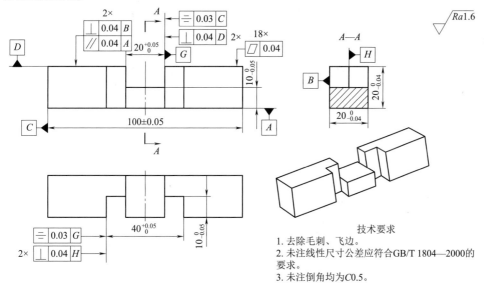

图3.21　孔明锁构件四零件图

任务实施

一、任务分析

本任务主要是利用锯削、锉削加工完成毛坯料的准备，学生通过练习熟练掌握划线及锉削操作，达到规定的技术要求，同时培养学生吃苦耐劳、精益求精的工匠精神。

从零件图中可以看出，零件长为100 mm，宽和高均为20 mm。

二、任务准备

设备、材料及工、量具准备清单见表3.11。

表 3.11　设备、材料及工、量具准备清单

序号	类型	名称	规格	数量	备注
1	设备	台虎钳	150 mm	1	
2		台钻	ZB512	1	
3		光滑平板	2 000 mm×15 000 mm	1	
4		方箱	300 mm×300 mm×300 mm	1	
5		砂轮机	M3030	1	
6	材料	备料图 Q235（数量1）			
7	量具	卡尺	200 mm	1	
8		千分尺	0~25 mm，100~125 mm	1	
9		高度尺	0~300 mm	1	
10		百分表（代表架）	0~10 mm	1	
11		刀口角尺	125 mm	1	
12		直角尺	100 mm×63 mm	1	
13	工具	锉刀	各规格	若干	根据任务选择
14		什锦锉	3 mm×140 mm（10 支装）	1	
15		锯弓	300 mm	1	
16		毛刷	—	—	
17		V 形块	—	1	
18		样冲	—	1	
19		钻头	$\phi 3$ mm	1	
20		錾子	—	1	
21		研磨粉	W50~W100、W20~W40	1	
22		软钳口	—	1	

备料图说明：

$2\times$　⊥ $\boxed{0.05}$ B　// $\boxed{0.05}$ A

$6\times$　▱ $\boxed{0.05}$

$\sqrt{Ra3.2}$

101 ± 0.1　A　B　$21_{-0.1}^{0}$　$21_{-0.1}^{0}$

三、加工步骤

（1）检测毛坯料尺寸是否满足图样加工要求。

（2）按照构件一加工步骤，将构件四的外形加工出来。

（3）划出中间宽开口槽的加工线。

（4）加工排孔。

（5）錾削加工，去除多余金属。

（6）锉削加工，保证尺寸要求。

（7）倒角、去毛刺。

四、任务实施要点及注意事项

（1）根据图样技术要求，保证构件开口槽的技术要求。

（2）开口槽根部要清理干净，保证装配要求。

（3）表面粗糙度应该尽可能小，保证装配要求。

五、任务评价

零件加工完成后，根据学生的表现情况以及任务完成情况，对学生进行评价并完成表 3.12。

表 3.12 任务评价表

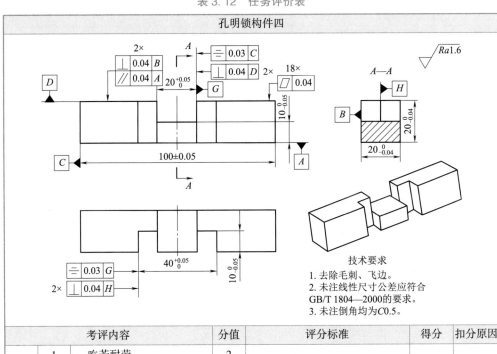

技术要求

1. 去除毛刺、飞边。
2. 未注线性尺寸公差应符合 GB/T 1804—2000 的要求。
3. 未注倒角均为 C0.5。

		考评内容	分值	评分标准	得分	扣分原因
职业素养	1	吃苦耐劳	2	酌情给分		
	2	团结协作	3			
	3	纪律观念	3			
	4	实习态度	2			
操作要点	1	正确选用工、量具	5	工、量具选择不当扣 5 分		
	2	锉削基本操作技能	5	基本操作姿势不正确扣 5 分		
	3	锯削的基本技能	5	基本操作姿势不正确扣 5 分		
	4	（100±0.05）mm	5	超差 0.02 mm 扣 2 分，扣完为止		
	5	$20_{-0.04}^{0}$ mm（2 处）	5	超差 0.02 mm 扣 2 分，扣完为止		
	6	$20_{0}^{+0.05}$ mm	5	超差 0.02 mm 扣 2 分，扣完为止		

续表

	考评内容	分值	评分标准	得分	扣分原因
操作要点	7	$40_0^{+0.05}$ mm	5	超差 0.02 mm 扣 2 分，扣完为止		
	8	$10_{-0.05}^{0}$ mm（2 处）	10	超差 0.02 mm 扣 2 分，扣完为止		
	9	垂直度（6 处）	10	超差 0.02 mm 扣 2 分，扣完为止		
	10	平行度（2 处）	5	超差 0.02 mm 扣 2 分，扣完为止		
	11	平面度（18 处）	10	超差 0.02 mm 扣 2 分，扣完为止		
	12	对称度（2 处）	5	超差 0.02 mm 扣 2 分，扣完为止		
	13	表面粗糙度 $Ra1.6$ μm（10 处）	5	1 处不符合要求，扣 2 分		
安全文明操作	14	安全文明操作	10	1 次违章操作扣 5 分，扣完为止		
总分					

工作任务单

任务实施

（1）根据加工要求，检查毛坯尺寸是否符合任务单图 1 所示图样要求：□是 □否。

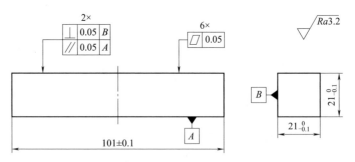

任务单图 1 孔明锁备料图（六根构件一致）

（2）仔细查看零件图上是否有漏掉的尺寸或者标注不清楚，对加工造成了影响？若有请说明。

答：_____。

（3）分析零件图样，并按照图样技术要求制定加工工序表（见任务单表 1），为加工做好准备（与构件一相同的无须写出）。

学习笔记

任务单表 1　构件二加工工序表

工序	工序内容	工具	工序简图
1			
2			
3			
4			
5			
6			
7			

（4）按照图样技术要求加工基准面 *A*。

选取其中一个大面作为第一个加工的基准面 *A*。

①根据图样技术要求，写出主要加工尺寸、几何公差及表面质量要求，完成任务单表 2 的填写，为工件加工做准备。

任务单表 2　*A* 面加工检测表

项目	平面度	表面粗糙度
图样技术要求		
实际测量值		
检测人：		教师签名：

②根据图样技术要求，选择合适的工具完成 A 面的加工。

③加工完成后由小组长按照图样技术要求对结果进行检测，完成任务单表 2 的填写。

注意事项：尽可能降低表面粗糙度，以便于装配。

（5）按照图样技术要求加工基准面 B。

选取其中 A 面的相邻大面作为加工面 B。

①根据图样技术要求，写出主要加工尺寸、几何公差及表面质量要求，完成任务单表 3 的填写，为工件加工做准备。

任务单表 3　B 面加工检测表

项目	垂直度	平面度	表面粗糙度
图样技术要求			
实际测量值			
检测人：		教师签名：	

②根据技术要求完成 B 面的加工。

③加工完成后由小组长按照图样技术要求对结果进行检测，完成任务单表 3 的填写。

注意事项：尽可能降低表面粗糙度，以便于装配。

（6）按照图样技术要求分别加工 A 面与 B 面的对面 A_1 和 B_1。

①根据图样技术要求，写出主要加工尺寸、几何公差及表面质量要求，完成任务单表 4 的填写，为工件加工做准备。

任务单表 4　A_1 面和 B_1 面加工检测表

项目	平行度		垂直度		实际尺寸		表面粗糙度	
	A_1	B_1	A_1	B_1	A_1	B_1	A_1	B_1
图样技术要求								
实际测量值								
检测人：				教师签名：				

②根据技术要求完成 A_1 面和 B_1 面的加工。

③加工完成后由小组长按照图样技术要求对结果进行检测，完成任务单表 4 的填写。

（7）按照图样技术要求分别加工与 A 面相垂直的两端面。

如何检测端面的相关技术要求：_____。

（8）加工开口槽 Ⅰ。

①划线。

根据任务单图 2 和任务单图 3 所示图样要求划开口槽加工线，槽两侧划线基准为_____，划线尺寸为_____；槽底面划线基准为_____，划线尺寸为_____；排孔位划线基准为_____，划线尺寸为_____。

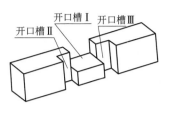

任务单图2　构件四开口槽加工位置

任务单图3　开口槽Ⅰ划线及排孔位置

②排孔加工。

③锯削开口槽Ⅰ两侧面。

④錾去开口槽余料。

利用扁錾去除多余部位。

简述起錾和终錾各应该注意什么问题。

答：_____

_____。

注意事项：当錾削快到尽头时，必须掉头加工，以免使边缘崩裂。

⑤粗锉、精锉余量。

开口槽粗、精锉示意图如任务单图4所示。

a. 粗、精锉主接触线条（余量为0.1~0.2 mm）。

b. 精锉开口槽底面1，根据20 mm的实际尺寸值，控制10 mm的尺寸误差值，从而保证配合精度。

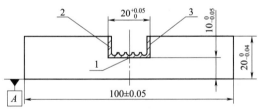

任务单图4　开口槽粗锉、精锉示意图

c. 精锉开口槽两侧垂直面2、3，同样根据外形100 mm实际尺寸和开口宽度40 mm的尺寸，以A面为基准控制10 mm误差值，保证孔明锁构件间的配合。

d. 加工完成后由小组长按照图样技术要求对结果进行检测，完成任务单表5的填写。

任务单表5　开口槽Ⅰ加工检测表

项目	垂直度		对称度	实际尺寸		表面粗糙度		
	2面	3面	2面、3面	槽宽	槽深	1面	2面	3面
图样技术要求								
实际测量值								
检测人：			教师签名：					

（9）加工开口槽Ⅱ和Ⅲ，如任务单图5和任务单图6。

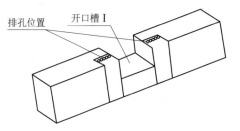

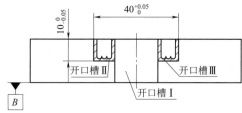

任务单图5 开口槽Ⅰ、Ⅱ排孔加工示意图　　任务单图6 开口槽Ⅰ、Ⅱ、Ⅲ锯削加工示意图

①划线。

根据图样要求划开口槽Ⅱ和Ⅲ加工线，槽两侧划线基准为_____，划线尺寸为_____；槽中间划线基准为_____，划线尺寸为_____；槽底面划线基准为_____，划线尺寸为_____；排孔位划线基准为_____，划线尺寸为_____。

②排孔加工。

③锯削开口槽Ⅱ、Ⅲ。

沿着锯削线锯除多余部分，留有锉削余量。

④錾去开口窄槽余料。

⑤窄槽粗、精锉余量。

a. 粗、精锉主接触线条（余量为 0.1~0.2 mm），如任务单图7所示。

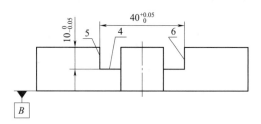

任务单图7 锉削加工示意图

b. 精锉开口槽底面4，根据20 mm 的实际尺寸值，以 B 面为基准控制10 mm 误差值，保证孔明锁构件间的配合，从而保证配合精度。

c. 精锉开口槽两侧垂直面5、6，保证 $40_0^{+0.05}$ mm 和 $20_0^{+0.05}$ mm 的对称度，以及与其他零件的配合精度。

d. 加工完成后由小组长按照图样技术要求对结果进行检测，完成任务单表6的填写。

任务单表6 $40_0^{+0.05}$ mm 开口槽加工检测表

项目	垂直度		对称度	实际尺寸		表面粗糙度		
	5面	6面	5面、6面	槽宽	槽深	4面	5面	6面
图样技术要求								
实际测量值								
检测人：				教师签名：				

（10）锐边倒角，修光，自检。

利用检测工具再次对构件四进行检测。

（11）任务评价总结

根据所完成练习的情况，填写任务单表7和任务单表8。

任务单表7　自评表

项目	任务	完成情况记录表
自评	是否按时完成任务	□是　　□否
	任务完成情况	
	材料上交情况	
	应该注意的问题	
	我的收获	

任务单表8　互评表

项目	任务	小组互评	教师互评	总评
互评	是否按时完成任务			
	作品质量			
	语言表达能力			
	团队成员合作情况			

学习活动6　构件五、六的制作

知识目标

（1）巩固正确的划线方法；

（2）巩固锯削的加工范围和特点；

（3）巩固锉削的加工范围和特点。

技能目标

（1）能够根据图样技术要求正确划线；

（2）能够完成孔的加工；

（3）熟练掌握各种形状材料的锯削技巧，并能达到一定的锯削精度；

（4）熟练掌握各种形状材料的锉削技巧，并能达到一定的锯削精度。

素质目标

（1）吃苦耐劳；

（2）精益求精。

任务描述

图 3.22 所示为孔明锁构件五加工的图样，毛坯料尺寸为 102 mm×21 mm×21 mm。本次任务将选择合适的加工工具和量具对毛坯料进行手工加工，并达到图样所示的要求。在加工过程中进一步掌握划线、锯削和锉削等钳工基本技能，加工中要注意工、量具的正确使用。

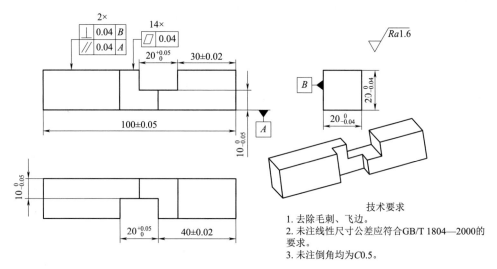

技术要求

1. 去除毛刺、飞边。
2. 未注线性尺寸公差应符合GB/T 1804—2000的要求。
3. 未注倒角均为C0.5。

图 3.22　孔明锁构件五零件图

图 3.23 所示为孔明锁构件六加工的图样，毛坯料尺寸为 102 mm×21 mm×21 mm。孔明锁构件六的结构与构件五类似，在加工过程中可结合构件五的加工工序完成，书中不再单独讲解构件六的加工工序。

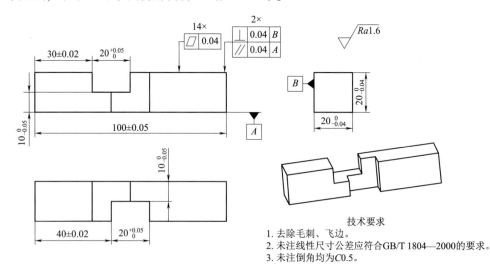

技术要求

1. 去除毛刺、飞边。
2. 未注线性尺寸公差应符合GB/T 1804—2000的要求。
3. 未注倒角均为C0.5。

图 3.23　孔明锁构件六零件图

一、任务分析

本任务主要是利用锯削、锉削加工完成毛坯料的准备，学生通过练习熟练掌握划线及锉削操作，达到规定的技术要求，同时培养学生吃苦耐劳、精益求精的工匠精神。

从零件图中可以看出，零件长为 100 mm，宽和高均为 20 mm。

二、任务准备

设备、材料及工、量具准备清单见表 3.13。

表 3.13　设备、材料及工、量具准备清单

序号	类型	名称	规格	数量	备注
1	设备	台虎钳	150 mm	1	
2		台钻	ZB512	1	
3		光滑平板	2 000 mm×15 000 mm	1	
4		方箱	300 mm×300 mm×300 mm	1	
5		砂轮机	M3030	1	
6	材料	备料图 Q235（数量1）			
7	量具	卡尺	200 mm	1	
8		千分尺	0～25 mm，100～125 mm	1	
9		高度尺	0～300 mm	1	
10		百分表（代表架）	0～10 mm	1	
11		刀口角尺	125 mm	1	
12		直角尺	100 mm×63 mm	1	
13	工具	锉刀	各规格	若干	根据任务选择
14		什锦锉	3 mm×140 mm（10 支装）	1	
15		锯弓	300 mm	1	
16		毛刷	—	—	
17		V 形块	—	1	
18		样冲	—	1	
19		钻头	φ3 mm	1	

序号	类型	名称	规格	数量	备注
20	工具	錾子	—	1	
21		研磨粉	W50～W100、W20～W40	1	
22		软钳口	—	1	

三、加工步骤

(1) 检测毛坯料尺寸是否满足图样加工要求。

(2) 按照构件一加工步骤，将构件五的外形加工出来。

(3) 划出中间宽开口槽的加工线。

(4) 加工排孔。

(5) 錾削加工，去除多余金属。

(6) 锉削加工，保证尺寸要求。

(7) 倒角、去毛刺。

四、任务实施要点及注意事项

(1) 根据图样技术要求，保证构件开口槽的技术要求。

(2) 开口槽根部要清理干净，以保证装配要求。

(3) 表面粗糙度应该尽可能小，以保证装配要求。

五、任务评价

零件加工完成后，根据学生的表现情况以及任务完成情况，对学生进行评价并完成表 3.14。

表 3.14　任务评价表

孔明锁构件五

技术要求

1. 去除毛刺、飞边。

2. 未注线性尺寸公差应符合GB/T 1804—2000的要求。

3. 未注倒角均为C0.5。

	考评内容		分值	评分标准	得分	扣分原因
职业素养	1	吃苦耐劳	2	酌情给分		
	2	团结协作	3			
	3	纪律观念	3			
	4	实习态度	2			
操作要点	1	正确选用工、量具	5	工、量具选择不当扣5分		
	2	锉削基本操作技能	5	基本操作姿势不正确扣5分		
	3	锯削的基本技能	5	基本操作姿势不正确扣5分		
	4	（100±0.05）mm	5	超差0.02 mm扣2分，扣完为止		
	5	$20_{-0.04}^{0}$ mm（2处）	5	超差0.02 mm扣2分，扣完为止		
	6	$20_{0}^{+0.05}$ mm（2处）	5	超差0.02 mm扣2分，扣完为止		
	7	30 mm±0.02 mm	5	超差0.02 mm扣2分，扣完为止		
	8	$10_{-0.05}^{0}$ mm（2处）	5	超差0.02 mm扣2分，扣完为止		
	9	垂直度（2处）	10	超差0.02 mm扣2分，扣完为止		
	10	平行度（2处）	5	超差0.02 mm扣2分，扣完为止		
	11	平面度（14处）	10	超差0.02 mm扣2分，扣完为止		
	12	表面粗糙度 Ra1.6 μm（10处）	5	1处不符合要求，扣2分		
安全文明操作	13	安全文明操作	10	1次违章操作扣5分，扣完为止		
总分						

工作任务单

任务实施

（1）根据加工要求，检查毛坯尺寸是否符合任务单图1所示的图样要求：□是 □否。

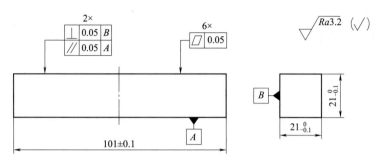

任务单图 1　孔明锁备料图（六根构件一致）

（2）仔细查看零件图上是否有漏掉的尺寸或者标注不清楚，对加工造成了影响？若有请说明。

答：_____。

（3）分析零件图样，并按照图样技术要求制定加工工序表（见任务单表 1），为加工做好准备（与构件一相同的无须写出）。

任务单表 1　构件五加工工序表

工序	工序内容	工具	工序简图
1			
2			
3			
4			
5			
6			

续表

工序	工序内容	工具	工序简图
7			
8			

（4）按照图样技术要求加工基准面 *A*。

选取其中一个大面作为第一个加工的基准面 *A*。

①根据图样技术要求，写出主要加工尺寸、几何公差及表面质量要求，完成任务单表 2 的填写，为工件加工做准备。

任务单表 2　*A* 面加工检测表

项目	平面度	表面粗糙度
图样技术要求		
实际测量值		
检测人：		教师签名：

②根据图样技术要求，选择合适工具完成 *A* 面的加工。

③加工完成后由小组长按照图样技术要求对结果进行检测，完成任务单表 2 的填写。

（5）按照图样技术要求加工基准面 *B*。

选取其中 *A* 面的相邻大面作为加工面 *B*。

①根据图样技术要求，写出主要加工尺寸、几何公差及表面质量要求，完成任务单表 3 的填写，为工件加工做准备。

任务单表 3　*B* 面加工检测表

项目	垂直度	平面度	表面粗糙度
图样技术要求			
实际测量值			
检测人：		教师签名：	

②根据技术要求完成 *B* 面的加工。

③加工完成后由小组长按照图样技术要求对结果进行检测，完成任务单表 3 的填写。

注意事项：尽可能降低表面粗糙度，以便于装配。

（6）按照图样技术要求分别加工 *A* 面与 *B* 面的对面 A_1 和 B_1。

①根据图样技术要求，写出主要加工尺寸、几何公差及表面质量要求，完成任务单表 4 的填写，为工件加工做准备。

任务单表 4　A_1 面和 B_1 面加工检测表

项目	平行度		垂直度		实际尺寸		表面粗糙度	
	A_1	B_1	A_1	B_1	A_1	B_1	A_1	B_1
图样技术要求								
实际测量值								
检测人：				教师签名：				

②根据技术要求完成 A_1 面和 B_1 面的加工。

③加工完成后由小组长按照图样技术要求对结果进行检测，完成任务单表 4 的填写。

（7）按照图样技术要求分别加工与 A 面相垂直的两端面。

（8）加工开口槽Ⅰ，如任务单图 2~任务单图 4 所示。

①划线。

根据图样要求开口槽加工线，槽两侧划线基准为＿＿＿＿＿＿，划线尺寸为＿＿＿＿＿＿；槽底面划线基准为＿＿＿＿＿＿，划线尺寸为＿＿＿＿＿＿；排孔位划线基准为＿＿＿＿＿＿，划线尺寸为＿＿＿＿＿＿。

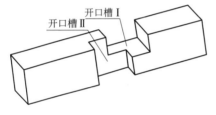

任务单图 2　构件五开口槽加工位置

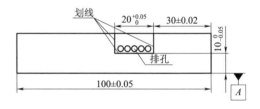

任务单图 3　开口槽划线及排孔位置

②排孔加工。

③锯削开口槽Ⅰ两侧面。

沿着锯削线，锯除多余部分，留有锉削余量。

④錾去开口槽余料。

利用扁錾去除多余部位。

⑤粗锉、精锉余量。

a. 粗锉、精锉主接触线条（余量为 0.1~0.2 mm）。

b. 精锉开口槽底面 1，根据 20 mm 的实际尺寸值控制 10 mm 的尺寸误差值，从而保证配合精度。

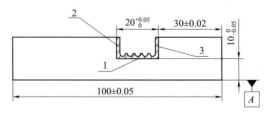

任务单图 4　开口槽Ⅰ粗锉、精锉示意图

c. 精锉开口槽两侧垂直面 2、3，同样根据外形 100 mm 的实际尺寸和开口宽度 20 mm 的尺寸，以 A 面为基准控制 10 mm 误差值，保证孔明锁构件间的配合。

d. 加工完成后由小组长按照图样技术要求对结果进行检测，完成任务单表 5 的填写。

任务单表 5　开口槽 I 加工检测表

项目	垂直度		对称度	实际尺寸		表面粗糙度		
	2 面	3 面	2 面、3 面	槽宽	槽深	1 面	2 面	3 面
图样技术要求								
实际测量值								
检测人：				教师签名：				

(9) 加工开口槽 II，如任务单图 5 和任务单图 6 所示。

① 划线。

根据图样要求开口槽 II 加工线，槽两侧划线基准为 _____，划线尺寸为 _____；槽中间划线基准为 _____，划线尺寸为 _____；槽底面划线基准为 _____，划线尺寸为 _____；排孔位划线基准为 _____，划线尺寸为 _____。

② 排孔加工。

在上述排孔位的划线位置打样冲眼，并用 $\phi 3$ mm 钻头加工排孔。

注意事项：相邻排孔应该尽量密一点，但是相邻孔之间不能出现相交，以免出现钻头歪斜、折断现象。

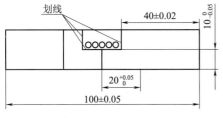

任务单图 5　开口槽 II 排孔加工示意图　　　　任务单图 6　锉削加工示意图

③ 锯削开口槽 II。

沿着锯削线，锯除多余部分，留有锉削余量。

④ 錾去开口窄槽余料。

利用扁錾去除多余部位。

錾子的切削角度包括哪些？如何确定合理的切削角度？

答：_____

注意事项：快錾断时，避免断料飞溅伤到其他人。

⑤窄槽粗锉、精锉余量。

a. 粗锉、精锉主接触线条（余量为 0.1~0.2 mm）。

b. 精锉开口槽底面 4，根据 20 mm 的实际尺寸值，以 B 面为基准控制 10 mm 误差值，保证孔明锁构件间的配合，从而保证配合精度。

c. 精锉开口槽两侧垂直面 5、6，以右侧断面为基准保证 40 mm±0.02 mm 和 $20^{+0.05}_{0}$ mm 的尺寸，以及与其他零件的配合精度。

d. 加工完成后由小组长按照图样技术要求对结果进行检测，完成任务单表 6 的填写。

任务单表 6　40 mm±0.02 mm、$20^{+0.05}_{0}$ mm 开口槽加工检测表

项目	垂直度		对称度	实际尺寸		表面粗糙度		
	5 面	6 面	5 面、6 面	槽宽	槽深	4 面	5 面	6 面
图样技术要求								
实际测量值								
检测人：				教师签名：				

（10）锐边倒角，修光，自检。

利用检测工具再次对构件五进行检测。

（11）任务评价总结

根据所完成练习的情况，填写任务单表 7 和任务单表 8。

任务单表 7　自评表

项目	任务	完成情况记录表
自评	是否按时完成任务	□是　　□否
	任务完成情况	
	材料上交情况	
	应该注意的问题	
	我的收获	

任务单表 8　互评表

项目	任务	小组互评	教师互评	总评
互评	是否按时完成任务			
	作品质量			
	语言表达能力			
	团队成员合作情况			

学习活动 7　项目总结与评价

学习目标

（1）能自信地展示自己的作品，讲述自己作品的优势和特点，并能采用多种形式进行成果展示；

（2）能倾听别人对自己作品的点评；

（3）能听取别人的建议并加以改进。

一、成品检测

按照表 3.15 所示孔明锁检测标准再次对加工质量进行检验，并填写。

表 3.15　孔明锁装配检测标准

序号	项目与技术要求	配分	自检结果	实测结果	得分
1	学习活动 1	5			
2	构件一	10			
3	构件二	15			
4	构件三	15			
5	构件四	15			
6	构件五	15			
7	构件六	15			
8	安全技术与文明生产	10			
9	合计	100			

二、个人总结

（1）在加工过程中你遇到了哪些问题？是如何克服的？

答：_____

_____

_____

（2）现在假如要求你将自己加工的产品在小组内展示，请写出成果展示方案。

答：_____

_____

_____

（3）写出工作总结和评价，并完成自评表 3.16。

答：_____

_____

_____

评价与分析

活动过程评价自评表见表 3.16。

表 3.16　活 动 过 程 评 价 自 评 表

班级	组别		姓名		学号		日期	年　月　日		
评价指标	评价要素						权重	等级评定		
								A	B	C	D
信息检索	能利用网络资源、工作手册查找有效信息						5%				
	能用自己的语言有条理地去解释、表述所学知识						5%				
	能将查找到的信息有效转换到工作中						5%				
感知工作	是否熟悉工作岗位、认同工作价值						5%				
	在工作中是否获得满足感						5%				
参与状态	与教师、同学之间是否相互尊重、理解、平等						5%				
	与教师、同学之间是否能够保持多向、丰富、适宜的信息交流						5%				
	探究学习，自主学习不流于形式，处理好合作学习和独立思考的关系，做到有效学习						5%				
	能提出有意义的问题或能发表个人见解，能按要求正确操作，能够倾听、协作分享						5%				
	积极参与，在产品加工过程中不断学习，提高综合运用信息技术的能力						5%				
学习方法	工作计划、操作技能是否符合规范要求						5%				
	是否获得了进一步发展的能力						5%				
工作过程	遵守管理规程，操作过程符合现场管理要求						5%				
	平时上课的出勤情况和每天完成工作任务的情况						5%				
	善于多角度思考问题，能主动发现、提出有价值的问题						5%				
思维状态	是否能发现问题、提出问题、分析问题、解决问题和创新问题						5%				
自评反馈	按时按质地完成工作任务						5%				
	较好地掌握了专业知识点						5%				
	具有较强的信息分析能力和理解能力						5%				
	具有较为全面、严谨的思维能力，并能条理明晰地表述成文						5%				
自评等级											
有益的经验和做法											
总结反思建议											

等级评定：A：好　　B：较好　　C：一般　　D：有待提高

三、展示评价

把个人制作好的制件先进行分组展示，再由小组推荐代表作必要的介绍。在展示的过程中，以组为单位进行评价；评价完成后，根据其他组成员对本组展示的成果评价意见进行归纳总结并完成表3.17。主要评价项目如下：

（1）展示的产品符合技术标准吗？（其他组填写）

合格□ 　　　　　不良□ 　　　　　返修□ 　　　报废□

（2）与其他组相比，本小组的产品工艺是否合理？（其他组填写）

工艺优化□ 　　　　工艺合理□ 　　　　工艺一般□

（3）本小组介绍成果表达是否清晰？（其他组填写）

很好□ 　　　　　一般，常补充□ 　　　不清晰□

（4）本小组演示产品检测方法操作是否正确？（其他组填写）

正确□ 　　　　　部分正确□ 　　　　不正确□

（5）本小组演示操作时是否遵循了6S的工作要求？（其他组填写）

符合工作要求□ 　　忽略了部分要求□ 　完全没有遵循□

（6）本小组的成员团队创新精神如何？（其他组填写）

良好□ 　　　　　一般□ 　　　　　不足□

（7）总结本次任务，本组是否达到学习目标？本组的建议是什么？你给予本组的评分是多少？（个人填写）

答：_____

_____

_____

_____

_____

_____

_____

_____

_____

_____

_____

_____

_____

学生：（签名）_____ 　　　____年____月____日

表 3.17　活动过程评价互评表（组长填写）

班级		组别		姓名		学号		日期	年　月　日			
评价指标	评价要素							权重	等级评定			
									A	B	C	D
信息检索	能利用网络资源、工作手册查找有效信息							5%				
	能用自己的语言有条理地去解释、表述所学知识							5%				
	能将查找到的信息有效地转换到工作中							5%				
感知工作	是否熟悉自己的工作岗位、认同工作价值							5%				
	在工作中是否获得满足感							5%				
参与状态	与教师、同学之间是否相互尊重、理解、平等							5%				
	与教师、同学之间是否能够保持多向、丰富、适宜的信息交流							5%				
	能处理好合作学习和独立思考的关系，做到有效学习							5%				
	能提出有意义的问题或能发表个人见解，能按要求正确操作，能够倾听、协作分享							5%				
	积极参与，在产品加工过程中不断学习，综合运用信息技术的能力提高很大							5%				
学习方法	工作计划、操作技能是否符合规范要求							5%				
	是否获得了进一步发展的能力							5%				
工作过程	是否遵守管理规程，操作过程是否符合现场管理要求							5%				
	平时上课的出勤情况和每天完成工作任务的情况							5%				
	是否善于多角度思考问题，能主动发现、提出有价值的问题							5%				
思维状态	是否能发现问题、提出问题、分析问题、解决问题、创新问题							5%				
自评反馈	能严肃、认真地对待自评，并能独立完成自测试题							10%				
自评等级												
简要评述												

等级评定：A：好　　B：较好　　C：一般　　D：有待提高

四、教师对展示的作品分别作评价

活动过程教师评价表见表 3.18。

表 3.18　活动过程教师评价表（教师填写）

班级		组别	姓名	学号	权重	评价
知识策略	知识吸收	能设法记住要学习的东西			3%	
		使用多样性手段，通过网络、技术手册等收集到较多有效信息			3%	
	知识构建	自觉寻求不同工作任务之间的内在联系			3%	
	知识应用	将学习到的东西应用到解决实际问题中			3%	
工作策略	兴趣取向	对课程本身感兴趣，熟悉自己的工作岗位，认同工作价值			3%	
	成就取向	学习的目的是获得高水平的成绩			3%	
	批判性思考	谈到或听到一个推论或结论时，会考虑到其他可能的答案			3%	
管理策略	自我管理	若不能很好地理解学习内容，会设法找到该任务相关的其他资讯			3%	
	过程管理	正确回答材料和教师提出的问题			3%	
		能根据提供的材料、工作页和教师指导进行有效学习			3%	
		针对工作任务，能反复查找资料、反复研讨，编制有效的工作计划			3%	
		在工作过程中留有研讨记录			3%	
		团队合作中主动承担并完成任务			3%	
	时间管理	有效组织学习时间和按时按质完成工作任务			3%	
	结果管理	在学习过程中有满足、成功与喜悦等体验，对后续学习更有信心			3%	
		根据研讨内容，对讨论知识、步骤、方法进行合理的修改和应用			3%	
		课后能积极有效地进行自我反思，总结学习的长、短之处			3%	
		规范撰写工作小结，能进行经验交流与工作反馈			3%	
过程状态	交往状态	与教师、同学之间交流语言得体，彬彬有礼			3%	
		与教师、同学之间保持多向、丰富、适宜的信息交流和合作			3%	
	思维状态	能用自己的语言有条理地去解释、表述所学知识			3%	
		善于多角度思考问题，能主动提出有价值的问题			3%	
	情绪状态	能自我调控好学习情绪，能随着教学进程或解决问题的全过程而产生不同的情绪变化			3%	
	生成状态	能总结当堂学习所得或提出深层次的问题			3%	
	组内合作过程	分工及任务目标明确，并能积极组织或参与小组工作			3%	
		积极参与小组讨论并能充分地表达自己的思想或意见			3%	
	组际总结过程	能采取多种形式展示本小组的工作成果，并进行交流反馈			3%	
		对其他组学生所提出的疑问能做出积极有效的解释			3%	
		认真听取其他组的汇报发言，并能大胆地质疑或提出不同意见或建议			3%	
	工作总结	规范撰写工作总结			3%	
自评	综合评价	按照"活动过程评价自评表"，严肃认真地对待自评			5%	
互评	综合评价	按照"活动过程评价互评表"，严肃认真地对待互评			5%	
总评等级						
建议		评定人：（签名）　　　　　年　　月　　日				

等级评定：A：好　　B：较好　　C：一般　　D：有待提高

项目四　CA6140 卧式车床的装配

现有若干台 CA6140 卧式车床由于设备搬迁需要重新安装调试，请结合所学知识，完成设备整体安装及部件安装，并对相关精度进行检验，保证设备正常、稳定运行。

CA6140 卧式车床结构如图 4.1 所示。

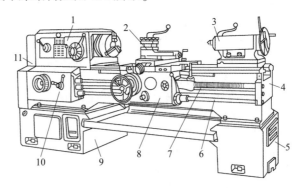

图 4.1　CA6140 卧式车床结构

1—主轴箱；2—刀架；3—尾坐；4—床身；5，9—床脚；6—操纵杠；
7—丝杠；8—溜板箱；10—进给箱；11—挂轮箱

培养目标

1. 知识目标

(1) 了解装配工艺规程的作用和装配工艺过程；

(2) 了解装配工作的组织形式；

(3) 掌握装配工艺规程的制定原则和形成步骤；

(4) 了解设备开箱、调试、试车与验收的工作内容及注意事项；

(5) 掌握基础验收、放线、找正和找平的方法；

(6) 了解 CA6140 车床的结构原理；

(7) 掌握常见机床拆装工具、检具的使用方法和保养。

2. 能力目标

(1) 能按照规定领取工作任务；

(2) 能识读装配图，完成装配工艺规程的制定；

(3) 能够完成 CA6140 相关部件的精度检测、调整与维修；

(4) 能说出 6S 管理规范的主要内容。

3. 素质目标

(1) 团队协作：能与人为善，能顾及他人想法，能通过团队协作完成任务；

（2）身心健康：具备积极的态度、强烈的责任心和浓厚的工作兴趣，有较好的社会角色适应性，行为举止符合职业特点和社会规范；

（3）交流沟通：能采取合适的方式方法与人交流，具有较好的亲和力；

（4）吃苦耐劳：通过手工加工和检测，养成吃苦耐劳和精益求精的作风。

学习准备

CA6140 技术文件、加工工具、材料、实训教材。

学习过程

根据实训要求完成表 4.1 中所列出学习活动所对应的工作任务。

表 4.1　任务点清单

序号	学习活动	考核点
1	接受工作任务，明确工作要求	工作任务掌握情况
2	设备现场安装与精度检验	工作任务掌握情况
3	主轴拆装与调试	工作任务掌握情况
4	车床尾座安装与调试	工作任务掌握情况
5	刀架和小滑板拆装与调试	工作任务掌握情况
6	整体拆装与调试	工作任务掌握情况

学习活动 1　接受工作任务，明确工作要求

 知识目标

（1）了解装配工艺规程的作用和装配工艺过程；

（2）了解装配工作的组织形式。

技能目标

（1）能按照规定领取工作任务；

（2）能识读装配图，完成装配工艺规程的制定；

（3）能说出 6S 管理规范的主要内容。

 素质目标

（1）交流沟通；

（2）树立安全意识。

 任务描述

学生在接受老师指定的工作任务后，了解安装现场工作场地的环境、设备管理要求，穿着符合劳保要求的服装，在老师的指导下读懂任务书，明确工作需求。

 知识准备

一、机床型号含义

机床型号由汉语拼音字母和数字按一定的规律组合而成，它适用于各类通用机床和专用机床（不包括组合机床、特种加工机床）。

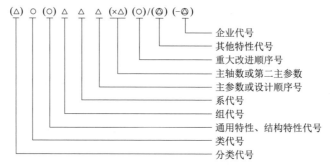

注：（1）有"（）"的代号，当无内容时，则不表示；若有内容，则不带括号。

（2）有"○"符号者为大写的汉语拼音字母。

（3）有"△"符号者为阿拉伯数字。

（4）有"④"符号者为大写的汉语拼音字母，或阿拉伯数字，或两者兼有之。

二、装配的工作内容

装配是指按规定的技术要求，将若干零件结合成部件或若干个零件和部件结合成机器的过程。如锥齿轮轴组件的组装，前者称为部装，后者称为总装。

1. 清洗

清洗的目的是去除零件表面或部件中的油污及机械杂质。

2. 连接

连接的方式一般有两种，即可拆连接和不可拆连接。可拆连接在装配后可以很容易拆卸而不致损坏任何零件，且拆卸后仍重新装配在一起。例如螺纹连接、键连接等。不可拆连接，装配后一般不再拆卸，如果拆卸就会损坏其中的某些零件，例如焊接、铆接等。

3. 调整

调整包括校正、配作、平衡等。

1）校正

校正是指产品中相关零、部件间相互位置找正，并通过各种调整法保证达到装配精度要求等。

2）配作

配作是指两个零件装配后确定其相互位置的加工，如配钻、配铰；或为改善两个零件表面接合精度的加工，如配刮及配磨等。配作是与校正工作结合进行的。

3）平衡

为防止使用中出现振动，装配时应对其旋转零、部件进行平衡，包括静平衡和动平衡两种方法。

4. 检验和试验

机械产品装配完成后，应根据有关技术标准和规定，对产品进行较全面的检验和试验工作，合格后才准出厂。除上述装配工作外，一般还有油漆、包装等。

三、装配工艺规程

1. 装配工艺规程的内容

装配工艺规程是指导装配施工的主要技术文件，主要包括以下内容。

（1）确定所有零件与部件的装配顺序和方法。

（2）确定装配的组织形式。

（3）划分工序并决定工序内容。

（4）确定装配所需的工具和设备。

（5）确定所需的工人技术等级和时间定额。

（6）确定验收方法和检验工具。

2. 制定装配工艺规程的原则

（1）保证产品装配质量。

（2）合理安排装配工序，减少装配工作量，减轻劳动强度，提高装配效率，缩短装配周期。

（3）尽可能减少生产占地面积。

3. 制定装配工艺规程所需的原始资料

（1）产品的总装图和部件装配图、零件明细表等。

（2）产品验收技术条件，包括试验工作的内容及方法。

（3）产品生产规模。

（4）现有的工艺装备、车间面积、工人技术水平以及时间定额标准等。

4. 制定装配工艺规程的方法和步骤

1）产品分析

研究分析产品总装配图及装配技术要求；进行结构尺寸和尺寸链的分析计算，以确定达到装配精度的方法；进行结构工艺性分析，将产品分解成独立装配的组件和分组件。

2）装配组织形式

根据产品结构特点和生产批量，选择适当的装配组织形式；确定总装及装配的划分，以及装配工序是集中还是分散；确定产品装配运输方式及工作场地准备等。

3）装配顺序

选择装配基准件；按照先下后上、先内后外、先易后难、先精密后一般、先轻后重的规律确定其他工件的装配顺序。

4）装配工序

划分装配工序；确定工序内容、所需设备、工量具及时间定额等。

5）制定装配工艺卡片

大批量生产按每道工序制定装配工艺卡片；成批生产按总装或部装的要求制定装配工艺卡片；单件小批生产按装配图和装配单元系统图进行装配。

四、装配工艺过程

装配工艺过程是机械制造生产过程中的一个重要环节。机械产品结构和装配工艺性是保证装配质量的前提条件，装配工艺过程的管理与控制则是保证装配质量的必要条件。

装配工艺过程包括装配、调整、检测和试验等工作，其工作量在机械制造总工作量中所占的比重较大。产品的结构越复杂，精度与其他技术条件要求越高，装配工艺过程也就越复杂。产品的装配工艺过程由以下4部分组成。

1. 准备工作

（1）研究、熟悉产品装配图、工艺文件和技术要求，了解产品的结构、工件的作用以及相互连接关系。

（2）确定装配的方法、顺序并准备所需要的工具。

（3）对装配的工件进行清理、清洗，去掉工件上的毛刺、铁锈、切屑和油污。

（4）对某些工件还需进行锉削、刮削等修配工作，有特殊要求的工件还要进行平衡试验和密封性试验等。

2. 装配工作

对于结构复杂的产品，其装配工作常分为部装和总装。

（1）部装。部装是把各个工件组合成一个完整的机构或不完整的机构的过程。

（2）总装。总装是指将工件和部件结合成一台完整产品的过程。

3. 调整、精度检验和试车

（1）调整是指调节工件或机构的相互位置、配合间隙、结构松紧等，其目的是使机构或机器工作协调。

（2）精度检验包括工作精度检验和几何精度检验。

（3）试车是在机器装配后，按设计要求进行的运转试验。运转试验包括运转的灵活性、振动、密封性、噪声、转速、功率及工作时温升等。

4. 涂装、涂油、装箱

机器装配之后，为了使其美观、防锈和便于运输，还要做好涂装、涂油和装箱工作。

五、装配工作的组织形式

装配工作的组织形式随着生产类型和产品复杂程度而不同，一般分为固定式装配和移动式装配两种。

1. 固定式装配

固定式装配是将产品或部件的全部装配工作安排在一个固定的工作地点进行，在装配过程中产品的位置不变，主要应用于单件生产或小批量生产中。

（1）单件生产时，产品的全部装配工作均在某一固定地点进行，由一个工人或一组工人去完成。这样的组织形式会导致装配周期长、占地面积大，并要求工人具有综合的技能。

（2）成批生产时，装配工作通常分为部装和总装，每个部件由一个工人或一组工人来完成，然后进行总装配，一般应用于较复杂的产品。

2. 移动式装配

移动式装配是指产品在装配过程中，有顺序地由一个位置转移到另一个位置。这种转移可以是装配产品的移动，也可以是工作位置的移动。通常把这种装配组织形式称为流水装配法。

移动装配时，每个工作地点重复地完成固定的工作内容，并且使用专用设备和专用工具。移动式装配的装配质量好，生产效率高，生产成本低，故适用于大批量生产。

 任务实施

一、任务分析

本任务主要要求学生熟悉工作场地的环境、设备装配要求，穿着符合劳保要求的服装，在老师的指导下读懂图纸，分析出装配工艺规程。

二、任务准备

设备准备清单见表4.2。

表4.2 设备准备清单

序号	名称	规格	数量	备注
1	车床	CA6140	6	
2	装配图	CA6140	6	
3	零部件图	CA6140	6	
4	相关工具	—	6	

三、任务实施要点及注意事项

（1）熟悉实训现场；
（2）了解实训管理制度；
（3）严格按照任务要求完成指定工作。

四、任务评价

学生根据任务要求完成任务后，教师根据任务实施过程及完成情况对结果按照表4.3进行评价。

表4.3　任务评价表

序号	考评内容	分值	评分标准	得分	扣分原因
1	劳保用品穿戴整齐，着装符合要求	10	穿着不符合要求扣10分		
2	及时完成教师布置的任务	20	未完成扣20分		
3	任务完成情况	20	未完成扣20分		
4	与同学之间能相互合作	20	酌情扣分		
5	能严格遵守作息时间	20	酌情扣分		
6	安全文明操作	10	违章操作扣10分		
总分					

工作任务单

一、阅读完成生产任务单

根据任务完成任务单表1的填写，明确工作任务，并完成下列问题。

任务单表1　CA6140 卧式车床装配任务单

开单部门：＿＿＿＿＿	任课教师：＿＿＿＿＿	开单时间：＿＿＿＿＿
姓　　名：＿＿＿＿＿	班　　级：＿＿＿＿＿	学　　号：＿＿＿＿＿

以下有由指导教师填写				
序号	产品名称	型号	数量	技术标准、质量要求
1	卧式车床	CA6140	1	按图样要求
任务细则	1. 到实训中心领取相应的技术文件。 2. 根据现场情况选用合适的工、量具和设备。 3. 根据装配工艺进行装配，交付检验。 4. 填写安装任务单，清理工作场地，完成工、量具及设备的维修和保养			
任务类型			完成工时	
以下有由学生本人和指导教师填写				
领取技术文件			实训室管理员（签名）	
领取工量具			年　　月　　日	

续表

完成质量 （小组评价）		班长（签名） 年　　月　　日
用户意见 （教师评价）		用户（签名） 年　　月　　日
改进措施 （反馈改良）		

注：生产任务单与零件图样、工艺卡一起领取。

（1）参观实训车间。

①CA6140含义是什么？主要作用是什么？

答：_____

_____

②说出各个部件的名称和作用。

答：_____

_____

③描述车床的主运动形式和进给运动形式。

答：_____

_____

（2）什么是装配？查询资料或咨询老师，明确正确装配的重要性。

答：_____

_____

（3）装配的主要工作内容包括哪些？

答：_____

_____

（4）6S管理规范的主要内容是什么？

答：_____

_____

二、装配工艺卡

阅读任务单表 2 所示的装配工艺卡，并补充完整。

任务单表 2　CA6140 卧式车床装配工艺卡

×××学院		装配工艺卡		产品名称		CA6140 卧式车床	
制定人		制定时间		核准人		共	页
工序	工序名称	工序内容		工具		计划工时	实际工时
1							
2							
3							
4							
5							
6							
7							
	更改号		拟定		校正	审核	批准
更改者							
日期							

学习活动 2　设备现场安装与精度检验

 知识目标

（1）了解设备开箱、调试、试车与验收的工作内容及注意事项；
（2）掌握基础验收、放线、找正、找平的方法。

 技能目标

（1）能够正确完成设备的开箱、调试、试车与验收；
（2）能够正确完成基础的验收、放线、找正和找平。

 素质目标

（1）个人能够做到强基础、抓根本、激活力；
（2）团结协作精神。

任务描述

在该任务中要求识读设备安装的地基图，确定设备安装尺寸和位置，按要求进行设备安装基础的设计、检查和验收，完成设备的就位与找正，并进行设备的试车操作。

知识准备

一、安装基础

1. 地基

设备安装后，其全部载荷由地层承担，承受机电设备全部载荷的那部分天然的或部分经过人工改造的地层称为地基。天然地基压缩性大、强度小，因此机电设备的载荷不能直接传给地基，而是必须在机电设备和地基之间安装强度较高的过渡体。

2. 安装基础

机电设备通过过渡体减小压强后将载荷安全传给地基，这种位于设备和地基之间起到减小压强作用的过渡体称为安装基础。

二、安装基础分类

1. 根据安装基础用料分类

1）素混凝土基础

素混凝土基础是指将水泥、沙子、石子按一定配比浇灌成一定形状的安装基础，主要用于中型机电设备。

2）钢筋混凝土基础

钢筋混凝土基础不仅要将水泥、沙子、石头按照一定配比浇灌成一定形状，而且要在其中放入绑扎成一定形状的钢筋骨架和钢筋网，以加强安装基础的强度和刚度，主要适用于大型、重型、超重型和受力比较大的机电设备。

2. 根据安装基础所承受的负载性质分类

1）静力负载基础

静力负载基础主要承受设备和物料重量的静力负载，对于室外高大设备还要考虑风力载荷对其产生的颠覆力矩的影响，如石油化工的储罐、塔类设备以及电力行业的电力塔、通信塔等。

2）动力负荷基础

动力负荷基础不只要承受设备和物料重量的静力负载，还要承受设备在工作中产生的动力负载，如空气锤、破碎机等。

3. 根据基础与设备的对应关系分类

1）单独基础

单独基础是指每台机电设备单独设计一个基础。

2）整体混凝土基础

整体混凝土基础是指很多车间都是一整块混凝土地面，可以在混凝土地面上安装地脚螺栓，以便于安装机电设备。

3）落地基础

对于超重型、重型和大型机电设备，为了降低工作台高度，便于装卸工件和人工操作，可以把基础做在地面以下较深处，使设备工作平台与地面齐平或稍高，有的甚至低于地面，即落地基础。

三、素混凝土单独基础设计

由于单独基础和设备成为一个整体，故在设计时主要考虑地基对这一整体的承受能力应该满足极限应力的要求，常见地基土质为黏性土，其极限压力 P_0 与孔隙比 e 和塑形变形率 W_L 相关。

1. 确定基础重量

为保证基础的稳定，基础的重量要大于所安装机电设备的重量和内部物料之和，对于运动机电设备，基础的重量还要考虑动载荷产生的惯性力作用。

基础重量计算公式：

$$W = \alpha W'$$

式中　W——基础重量（N）；

α——载荷系数，静机电设备取 1~1.5，动机电设备按标准选取；

W'——设备重量与内部物料之和（N）。

2. 确定基础高度

基础高度按下式计算：

$$h = \frac{W}{qLb}$$

式中　h——基础高度（m）；

　　　W——基础重量（N）；

　　　q——基础密度，混凝土选取 $q=20\,000$；

　　　L——基础的长度，取设备长度加 $300\sim400$ mm；

　　　b——基础的宽度，取设备宽度加 $200\sim300$ mm。

3．基础的底面积

静机电设备只承受重力作用，基础底面积计算公式为

$$A\geqslant\frac{(W+W')\times10^{3}}{P_{0}}$$

运动机电设备同时承受重力和转矩，基础底面积计算公式为

$$A\geqslant\frac{(W+W')\times10^{3}}{1.2P_{0}}+\frac{6\times10^{3}\times M}{BP_{0}}$$

式中　A——基础面积（mm^{2}）；

　　　M——转矩（N·mm）；

　　　B——沿转矩方向基础的宽度（mm）。

四、设备调平与二次灌浆

设备在完成清洗和安装之后，即可进行设备的调平和基础的二次灌浆，设备的安装、找正以及找平主要分两个阶段进行。

1．初平

设备的初平是在设备就位后，将设备的水平度调整到接近要求的程度，也称找平。一般情况下，设备还没有彻底清洗，地脚螺栓还没有二次灌浆，设备找平后不能紧固，因此只能对设备进行初平。如果地脚螺栓是预埋的，那么设备就位后即可进行清洗。一次找平（精平）可省去初平这道工序。

找平工作是设备安装中最重要而且要求严格的工作，任何设备都必须进行找平。找平的主要工具是水平仪。设备找平的关键不仅在于操作，水平仪的放置位置也很重要。放置水平仪的基准面应选择设备上精确、主要的表面。

1）找平的基本方法

（1）在精加工平面上找平，这是最普通的找平方法，纵、横两方位找平都在这个面上。

（2）在精加工的立面上找平，有些设备除找水平外，还应找立面的垂直度。

（3）在床面的导轨上找平，这是机床设备的一般找平方法。

（4）轴承座找平，当轴未装入轴承座时，可在轴承座中找平。

2）找设备水平的三点调整法

三点调整法是一种快速找标高和水平度的方法，调整起来既方便又精确。因为支撑设备的三点恰好组成一个平面，故不会出现过定位问题。

调整时首先在设备底座下选择适当的位置放入三组调整垫铁，用以调整设备的标高或水平度，然后将永久垫铁的松紧程度调整到锤子能将其轻轻敲入为准，各组

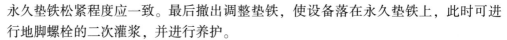
永久垫铁松紧程度应一致。最后撤出调整垫铁，使设备落在永久垫铁上，此时可进行地脚螺栓的二次灌浆，并进行养护。

3）设备初平的注意事项

（1）小平面直接用水平仪检查，大平面应先放等高垫块和平尺，然后用水平仪检查。

（2）使用水平仪时，应正、反（旋转180°）各测一次，以修正水平仪的误差。

（3）测定面如有接头时，在接头处一定要检查水平度。

2. 精平

第二阶段叫作精平，是在初平之后进行二次灌浆7～10天后的基础上（对预留孔的地脚螺栓，初平后要浇灌混凝土使其固定，且混凝土强度达75%以上），对设备的水平度、垂直度、平面度等做进一步的调整和检测，使其达到完全合格的程度。精平的过程，主要是测量形状公差和位置公差的过程，根据测量结果，进一步调整校正，直至达到要求为止。

1）量具（仪）的准备

设备精平常用的测量量具（仪）有百分表、游标卡尺、千分尺、钢直尺、角尺、塞尺、条形水平仪、框式水平仪、准直仪、读数显微镜、水准仪、经纬仪等，还有平板、钢丝（弹簧钢丝）等。

选择适当的测量工具和测量方法，不仅能保证找正、找平的精度，而且还能提高调整效率。

2）测量基准面与量具（仪）的选择

测量基准面的选择同设备初平，测量量具（仪）的选择原则如下：

（1）采用的量具（仪）的精度必须满足设备安装允许误差的要求。

（2）符合标准的有刻度测量器具，可用于被测对象允许偏差≤器具分度值的测量。

（3）符合标准的无刻度工具，可用于被测对象允许偏差≥工具本身误差的测量。

3）设备精平常用的检测方法

（1）用水平仪检测水平度和直线度，如图4.2所示。

（2）拉钢丝测直线度、平行度和同轴度。

（3）用水准仪检测标高和水平度，如图4.3所示。

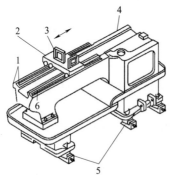

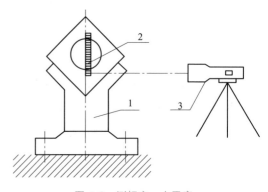

图4.2　利用水平仪调整水平度

1—表面1；2—检验桥板；3—水平仪；
4—床身；5—调整垫铁；6—表面2

图4.3　测标高、水平度

1—线坠；2—标尺；3—水平仪

（4）用液体连通器测水平度及标高。

（5）用吊线锤、测微光管和水平仪测垂直度。

（6）用光学量具检测。

3. 二次灌浆

设备安装人员做好二次灌浆前的复查工作后，土建施工人员即可对设备基础进行二次灌浆。本任务仅对机电设备基础二次灌浆的基本知识作简单介绍。所谓二次灌浆，就是用碎石混凝土或砂浆将设备底座与基础表面的空隙填满，并将垫铁埋在混凝土里。二次灌浆的作用，一方面可以固定垫铁；另一方面可以承受设备的负荷。

1）二次灌浆工艺

（1）容器类静置设备灌浆。

此类设备安装精度不高，灌浆可一次完成，要求灌浆层与设备底座接触紧密。

（2）一般机械设备灌浆。

要求捣固密实，不能影响设备安装精度。灌浆层的高度，在底座外边应高于底座的底面，且略有坡度，以防水、油流入设备底座。

（3）承受负荷的二次灌浆。

当二次灌浆层承受部分负荷时，灌浆层与设备底座而接触要求较高，特别是当设备的安装精度要求较高时，应尽量采用膨胀混凝土，以使灌浆层与垫铁共同承担负荷。压缩机类设备多采用此类二次灌浆。

（4）压浆法。

大型金属机床的二次灌浆多采用压浆法。

2）二次灌浆注意事项

（1）灌浆时，从基础表面的杂物要全部清除干净，特别是油污必须清洁干净，直到露出新的基础表面。

（2）放置模板时不要碰动设备。

（3）地脚螺栓孔内一定要干净，并用压缩空气吹净，用水冲洗基础，且凹处不得有水。

（4）灌浆工作不能间断，一定要一次完成。

（5）灌浆后应常洒水养护，以免产生裂纹。

（6）灌浆工作应在 5 ℃以上进行，否则应采取措施。

（7）二次灌浆层不得有裂缝、蜂窝和麻面等缺陷。

3）二次灌装前的准备工作

设备二次灌浆后不能再移动和调整。因此，二次灌浆前应对设备的安装质量进行一次全面、严格的复查。

复查内容如下：

（1）垫铁的复查。

垫铁的复查主要检查垫铁的规格、组数和布置情况，然后用锤子敲打垫铁，用听音法检查垫铁是否接触紧密及有无松动。

（2）地脚螺栓的复查。

再一次用扳手检查，各地脚螺栓的紧度应一致，不得有松动现象。振动大的设备的地脚螺栓应有螺母防退保险装置。

（3）基础表面的复查。

基础上表面应有麻面，被油污染的混凝土应铲除干净，并用水清洗干净，凹处不留积水。

（4）设备安装质量的全面复查。

①复查中心线：复查设备上中点及中心线位置是否正确。

②复查标高：用平尺、水准仪、钢直尺及测杆等联合检查标高。

③复查水平度：用水平仪和辅助工具测量设备的水平度。

一、任务分析

通过学习机床的安装基础设计，按照设备的安装要求，应先检查地基的状况、地脚螺栓的位置和质量、电源线入口的位置和穿线情况、接地线位置及电阻、设备与墙之间距离的最小尺寸等信息；然后进行设备的吊装，有包装箱时应按箱上的标记套上钢绳，如已开箱，则必须用钢绳穿入床身前部的第一和第三孔的筋板上，利用床鞍保持平衡，起吊时在钢绳与机床之间的接触处垫上木板，或在钢绳外套上橡皮管；最后按设备的操作方法完成试车工作。

二、任务准备

设备、材料及工、量具准备清单见表4.4。

表4.4 设备、材料及工、量具准备清单

序号	名称	规格	数量	备注
1	起重机	2 t	1个	
2	扳手	—	若干	
3	水平仪	0.02/1 000	1把	

三、安装步骤

1. 车床的搬运

教师示范操作起重机插车等搬运工具进行机床的运送，拆箱时先检查设备的外部情况，并按照装箱单来检查附件和工具是否齐全。

2. 车床床身的安装

按设备地基图要求，先完成地基的一次灌浆（预留出地脚螺栓孔）。机床就位并粗调后，将地脚螺栓孔内灌入水泥砂浆，待完全干后再进行精调。用水平仪在导轨两端进行安装精度检测，导轨的纵向和横向水平度不得超过 0.04 mm/1 000 mm，通过可调地脚螺栓完成。在精调的同时拧紧地脚螺栓，直至精度达到要求，地脚螺栓应均匀拧紧，但不得影响安装精度。

3. 电气部分的安装

（1）引入电源线：供电电缆建议用 YC3+1 截面为 4 mm² 的电缆线，压接冷压端子，并接在壁龛内电盘的 XT1 接线端子台 L1、L2、L3 端子上。

（2）保护接地：接地线的截面不应小于相线截面。

（3）引入电源：应在引入电源前装有合适的熔断器，电源经总电源开关 QF_0 引入机床。如车床为 7.5 kW、380 V，则取熔断器为 50 A，总电源开关为 30 A（如为 11 kW、380 V，则取熔断器为 50 A，总电源开关为 40 A）。

（4）电源相序检查：机床安装完成后，使机床操作手柄处于中间位置，向上扳动总电源开关 QF_0 至"ON"位置接通电源。按床鞍上的绿色启动按钮，启动主电动机，向上扳操作手柄，若主轴正转，则表示相序正确，否则需交换电源线路中任意两根相线。

4. 开车前准备

（1）机床零部件应清洗干净，无灰尘、杂物等。

（2）认真检查机床的控制系统、安全装置、制动机构、夹紧机构等是否在正确位置，确保各部分运行良好、灵敏可靠。电动机的转向与运动部件的运行方向应符合技术文件的规定。

（3）检查机床的润滑、液压、电气和气动等系统是否正常，保证系统检验调试及运行状态良好。

（4）各运动部件手摇或自动移动时，应当灵活、无阻滞，各操纵手柄扳动自如、到位准确可靠。

5. 车床的试车

（1）无负荷试车（开空车）的目的是检查设备各部分的动作和相互间的作用是否正确，同时也使某些摩擦面初步磨合。负荷试车的目的是检验设备安装后能否达到设计使用性能。

（2）对于设备试车是否带负荷及负荷大小、时间长短等，不同的设备有不同的规范要求。

车床试车主要是进行主电动机的启动及停止、冷却泵的启动及停止、快速进给电动机的启动与停止、急停按钮的停止与解除、机床照明、关机等操作。

四、任务实施要点及注意事项

（1）开始工作时，应参阅设备的使用说明书，熟悉各手柄的部位及使用方法，并用扳动卡盘的方式检查设备各部位的状况。

（2）接通电源前应仔细检查电气系统是否完好，注意电动机是否有受潮现象。

（3）接地线应接地良好，接地电阻应符合要求（一般小于 5 Ω）。

（4）电源接通后必须开空车检查一下各部位的运行情况，之后才允许工作，并注意电动机的旋转方向是否与规定的旋向一致。

五、任务评价

学生根据任务要求完成任务后，教师根据任务实施过程及完成情况对结果按照表4.5进行评价。

表4.5　任务评价表

序号	考评内容	分值	评分标准	得分	扣分原因
1	开箱前是否检查	10	未检查扣10分		
2	水平仪使用是否正确	10	使用不正确扣10分		
3	初平、精平是否正确	20	不正确扣20分		
4	电气安装是否符合规范	20	酌情扣分		
5	现场是够符合6S管理	20	酌情扣分		
6	操作中安全、文明生产	20	违章操作扣20分		
总分					

工作任务单

任务实施

1. 车床搬运

内容及注意事项：_____。

若车间内无整体混凝土基础，则结合CA6140基础数据，在车间对该安装基础进行设计，完成设计内容。

1）完成基础数据的填写

在任务单表1中完成基础数据的填写。

任务单表1　基础数据

设备型号	设备类别（运动/静置）	设备基础数据		
		长	宽	重量
完成设计	（1）选取合适的空隙比 e、塑性变形率 W_L，查表选取黏性土的极限应力值 P_0 $e=$ _____ ， $W_L=$ _____ ， $P_0=$ _____ （2）确定基础高度 h	（3）基础的底面积 （4）校核		

2. 床身的安装

简述床身的安装步骤。

答：_____。

安装完成后是否符合要求：□是　　　□否

3. 电气部分安装

简述电气部分的安装步骤。

答：_____

_____。

4. 开车前的检查

（1）电气准备。

_____。

（2）机械准备。

_____。

5. 车床的试车

试车内容包括：_____。

试车过程中存在的问题：_____。

解决方案：_____。

6. 任务总结

根据所完成练习的情况，填写任务单表2。

任务单表2　任务总结表

序号	项目	内容
1	我学到的知识	1. 2.
2	还需要进一步提高的操作练习	1. 2.
3	存在疑问或者不懂的知识点	1. 2.
4	应该注意的问题	1. 2.

学习活动3　主轴拆装与调试

知识目标

（1）读懂 CA6140 卧式车床的主轴装配图；

（2）熟悉所用拆装工具，明确机械拆卸方法；

（3）掌握主轴精度检测的方法。

（1）能够根据主轴装配图制定主轴的装配工艺规程；

（2）能够对主轴精度进行检验并调整。

（1）具备团队协作精神；

（2）具有实事求是的精神。

（任务描述）

本次任务主要完成主轴的拆装及精度调试。

（知识准备）

一、主轴相关知识

1. 主轴结构要求

CA6140 型卧式车床的主轴部件由主轴、主轴轴承、齿轮及密封件等组成，如图 4.4 所示。主轴是外部有花键的空心阶梯轴，其内孔可用来通过直径小于 48 mm 的长棒料、拆卸顶尖或用于安装夹紧装置的杆件。

主轴前端内锥面是莫氏 6 号锥孔，用来安装心轴或前顶尖，利用锥面配合的摩擦力直接带动心轴或工件转动。

主轴前端外锥面的短圆锥面和法兰端面用来定位、安装三爪卡盘等附件并带动工件进行旋转。

CA6140 型卧式车床的主轴部件采用前、中、后三个支承孔的结构，由于三支承结构较难保证三孔较高的同轴度，且主轴安装易变形，从而影响传动件的精确啮合。因此目前有的 CA6140 型卧式车床主轴部件采用二支承结构，取消了双向推力角接触球轴承（减振套替代）和深沟球轴承，增加了承受轴向力的推力球轴承，简化了结构，降低了成本及装配难度。

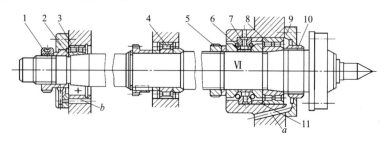

图 4.4　CA6140 型卧式车床主轴部件

1，5，10—螺母；2—端盖；3—角接触球轴承；4—深沟球轴承；
6—双向推力角接触球轴承；7—垫圈；8—双列圆柱滚子轴承；9—轴承盖；11—隔套

2. 主轴的精度检验及修理

1）主要的失效形式及检查

在机床使用过程中，主轴磨损和损坏的形式一般有以下几种：

（1）与轴承配合的轴颈表面的磨损、烧伤或出现裂纹。

（2）与夹具、刀具配合的锥孔或轴颈表面的磨损或者出现较深的划痕。

（3）主轴弯曲变形。

这些部件的磨损和损坏会影响机床的加工精度，应及时修理。

在主轴修理前，应按照图纸要求对主轴的精度和表面粗糙度进行检查。车床主轴的检测方法如图 4.5 所示，将主轴支承轴颈用等高的 V 形架支承，放置于倾斜的平板上，在主轴尾端安装与轴孔配合的堵头，在堵头中心作中心孔，用 φ6 mm 的钢球将主轴支承

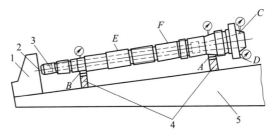

图 4.5　CA6140 卧式车床主轴精度检查

1—挡铁；2—钢珠；3—堵头；4—V 形架；5—底座

在挡铁上。回转主轴，用百分表检测装配齿轮轴颈、主轴锥孔、台肩面等相对于主轴前后轴颈的径向圆跳动和端面圆跳动误差值，然后在主轴锥孔内插入标准锥度检验棒，用百分表触及其圆柱表面，回转主轴，在近主轴端和距主轴端 300 mm 处分别检测锥孔的径向圆跳动。

主轴经检查后，有下列缺陷的，应予以修复：

（1）有配合关系的轴颈、锥孔、端面之间的相对位置误差超过原图纸的规定公差。

（2）与滚动轴承配合的轴颈，其直径尺寸精度超过原图纸配合要求的下一级配合公差，或其圆度和圆柱度超过原定公差。

（3）与滑动轴承配合的轴颈，其圆度和圆柱度超过原定公差。

（4）有配合关系的轴颈表面有划痕或其表面粗糙度比图样要求的高一级或在 Ra 值 0.8 μm 以下。

2）主轴的修复方法

根据主轴磨损的程度，可采取以下修复方法：

（1）主轴精度超差较少时，宜用研磨套、研磨平板（宽度等于轴颈的长度）以及锥孔研磨棒进行研磨，恢复配合轴颈表面几何形状、相对位置和表面粗糙度要求，同时调整或更换与主轴配合的零件，保持原来的配合关系。

（2）当主轴各项精度超差较大，或有较深的划痕时，可采用精磨加工恢复其精度要求。若是滑动轴承结构的轴颈，则可精磨轴颈，配以新轴承。主轴锥孔易磨损，修理时通常采用磨削法恢复其表面精度。

（3）滚动轴承结构的主轴轴颈，可采用精磨后刷镀等方法在磨损表面覆盖一层金属，恢复轴颈的原始尺寸和精度。应该指出，滑动轴承结构的主轴轴颈表面不得采用镀铬的方法来修复。因为实践证明，用这种方法修复的轴颈会在使用过程中产生脱铬的现象。

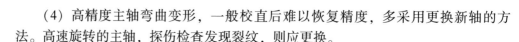

（4）高精度主轴弯曲变形，一般校直后难以恢复精度，多采用更换新轴的方法。高速旋转的主轴，探伤检查发现裂纹，则应更换。

3. 主轴支承

1）前支承

D 级精度 3182121 型双列圆柱滚子轴承，用于承受径向力。

双列短圆柱滚子轴承的特点：刚性好、精度高、尺寸小、承载能力大。

2）后支承

D 级精度 46215 型角接触球轴承，承受径向力和由后向前的轴向力。

D 级精度的 8215 型推力球轴承，承受由前向后的轴向力。

3）轴承间隙调整

（1）前支承：首先松开前端锁紧螺母，然后拧动螺母，推动套筒，使 D3182121 轴承的内环沿轴向移动，由于内环较薄且有 1∶12 的锥度，所以内环做径向膨胀，从而使轴承的径向间隙得到调整。

（2）后支承：首先松开圆螺母上的紧定螺钉，然后拧动螺母，推动后端套筒，使角接触轴承的间隙得到调整；拧动后端螺母的同时，向后拉主轴和套筒，推力轴承右端的套筒在主轴轴肩的作用下压紧该轴承，使推力轴承的轴向间隙得到调整。

4. 主轴部件装配技术要求

轴插入箱体，套上轴承、垫圈、隔套及齿轮后不允许有歪斜现象。同轴的两个轴承中，必须有一个轴承在轴受热膨胀时有轴向移动的余地。装配后主轴的精度应达到径向跳动和轴向窜动量均不超过 0.01 mm 的要求，且运转灵活、噪声小。

主轴部件的装配采用敲击法，敲击时用力不要过大，注意避免主轴和轴承受损，还要防止零件的遗漏和错装。

装配后的调整主要针对前后轴承，使主轴的径向跳动和轴向窜动量达到装配技术要求，另外还要进行试车调整，使主轴达到运转要求。

5. CA6140 型卧式车床主轴部件的检验

1）静态检验

齿轮在主轴花键上应离合自如，用手转动大齿轮，主轴运转灵活、无阻滞。

2）空运转试验

在无负荷状态下启动车床，检验主轴转速。

从最低转速依次提高到最高转速，各级转速运转时间不少于 5 min，最高转速运转时间不少于 30 min。

在主轴轴承达到稳定温度时，要求轴承的温度不应超过 70 ℃，温升不应超过 40 ℃。

3）负荷试验

主轴在中速下继续运转，进行精车外圆及切槽试验，以检验主轴的旋转精度及装配精度。

4）精度检验

主轴部件的精度是指其在装配调整之后的回转精度。

在车床热平衡状态下，按 GB/T 4020—1997 规定做好精度检验。

二、主轴精度检验方法

机械设备的主要几何精度包括主轴回转精度、导轨直线度、平行度、工作台面的平面度及两部件间的同轴度、垂直度等。本部分重点介绍上述几何精度的检验方法。

主轴回转精度的检验项目及精度要求见表4.6。

表4.6　主轴回转精度的检验项目及精度

序号	检验项目		允许误差/mm		检验工具
			$D_a \leq 800$	$800 < D_a \leq 1\ 250$	
1	主轴轴向窜动的检验		0.01	0.015	
2	主轴轴肩支承面的圆跳动		0.02	0.02	
3	主轴定心轴颈径向跳动的检查方法		0.01	0.015	
4	主轴锥孔轴线的径向圆跳动检测与调整	靠近主轴端面	0.01	0.015	
		靠近主轴端面300 mm处	水平面内：在300 mm测量长度上为0.02	水平面内：在500 mm测量长度上为0.05	
5	主轴轴心线对床鞍移动的平行度的检测与调整	水平面内	在300 mm长度上为0.02	在500 mm长度上为0.04	
		垂直面内	在300 mm长度上为0.02	在500 mm长度上为0.03	
6	顶尖的斜向圆跳动的检测与调整		0.015	0.02	

注：D_a表示最大工件回转直径

1. 主轴的轴向窜动

允许的误差值见表4.6，检测原理如图4.6所示。

1）超差引起故障

主轴轴向窜动量过大，平面加工时影响加工表面的平面度，螺纹加工时影响螺纹的螺距精度。

2）测量方式

（1）对于带有锥孔的主轴。

①可将带锥度的检验棒插入锥孔内，在检验棒端面中心孔放一钢球。

②用黄油粘住，旋转主轴。

③在钢球上用表测量，其指针摆动的最大差值即为主轴轴向窜动量。

（2）如果主轴不带锥孔，则可按图4.6所示的方法检验。

①检验时将钢球2放入检验棒1顶尖孔中，用平头百分表3顶住钢球。

②回旋主轴，百分表指针读数的最大差值即为主轴轴向窜动量。

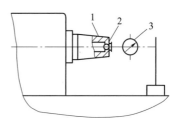

图4.6　轴向窜动的检验方法

1—锥柄短检验棒；

2—钢球；3—平头百分表

---

2. 主轴肩支承面的圆跳动检测与调整

1）超差引起故障

将卡盘或者其他夹具装在主轴上，将发生倾斜，影响被加工表面与基准表面之间的相互位置精度，如外圆同轴度、端面对圆柱轴线的垂直度等。

2）测量方式

它的误差大小反映出主轴后轴承装配精度是否在公差范围之内。由于端面跳动量包含着主轴轴向窜动量，因此该项精度的检查应在主轴轴向窜动检验之后进行。

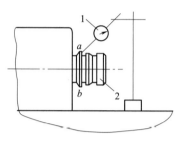

图 4.7　主轴轴肩支承面跳动的检验
1—百分表；2—主轴

（1）如图 4.7 所示，在检验时将固定在机床上的百分表 1 测头触及主轴 2 轴肩支承面靠近边缘的地方。

（2）沿主轴轴线加一力，然后旋转主轴检验，百分表读数的最大差值就是轴肩支承面的跳动误差（≤0.02 mm）。

3. 主轴定心轴颈径向跳动的检查方法（见图 4.8）

1）超差引起故障

用卡盘夹持工件车削外圆时会影响工件圆度、加工表面与夹持表面的同轴度及多次装夹中加工出的各个表面的同轴度，钻孔、扩孔、铰孔时会引起孔径扩大以及工件表面粗糙度恶化。

2）测量方式

（1）将千分表的测头垂直触及主轴轴颈（包括圆锥轴颈）的表面。

（2）在主轴轴线方向加力，用手缓慢而均匀地旋转主轴检验。

（3）千分表读数的最大差值就是径向圆跳动误差值。

3）调整方式

若精度完全合格而本项精度超差，则可对主轴定心轴颈进行修复（但修复后的定心轴颈尺寸不能改变）或更换新主轴。

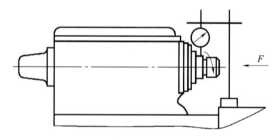

图 4.8　主轴定心轴颈径向跳动的检查

4. 主轴锥孔轴线的径向圆跳动检测与调整

1）超差引起故障

切槽刀切削时，产生"颤动"或外径强力切削时产生"颤动"。

2）测量方式

（1）将检验棒插入主轴锥孔内，将千分表固定在床身上，千分表测头垂直指向并接触检验棒接近主轴端面的 a 处表面，如图 4.9 所示。

（2）在距离测量点 a 点 L（300 mm）长度处，选取另一测量点 b。

（3）旋转主轴分别在 a、b 两个测量截面上进行检测。

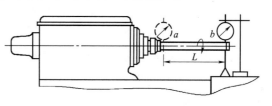

（4）为防止产生检验棒误差，将检验棒相对主轴旋转 90°后重新插入主轴锥孔内检验 3 次。

（5）4 次测量数值的平均值即为所要测量径向圆跳动的误差值。

图 4.9　主轴锥孔轴线的径向圆跳动检测与调整

3）调节方式

若前面 3 项测量合格，而该项测量结果超差，一般是主轴后轴承松动或磨损引起的，此时可对双列圆柱滚子轴承 E3182115（新轴承代号 NN3015K/P6）进行预紧，如预紧无效，则需更换新轴承。

5. 主轴轴心线对床鞍移动的平行度的检测与调整

1）超差引起故障

用卡盘或者其他夹具夹持工件（不用后顶尖支承）车削外圆时，刀尖移动轨迹与工件回转轴线在水平面内的平行度误差，会使工件产生锥度；在垂直面内的平行度误差，会影响工件素线的直线度。

2）测量方式（见图 4.10）

（1）将锥柄检验并插入主轴 1 的孔内。

（2）将百分表 2 固定在溜板 4 上，其测头触及检验棒的上母线 a，使触头处于垂直平面内。

（3）移动溜板，记下百分表在前后移动过程中的跳动差值。

（4）将主轴旋转 180°，重复上述测量结果，取两次平均值即为主轴轴心线对床鞍移动在垂直面内的平行度误差。

（5）采用同样的方式测量主轴轴心线对床鞍移动在垂直面内的平行度误差。

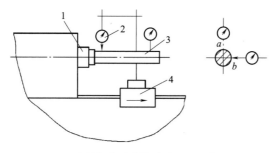

图 4.10　主轴轴线对床鞍移动的平行度的检验

1—主轴；2—百分表；3—检验棒；4—溜板

3）调整方式

当发现在竖直平面内的平行度超差时，可修刮床身与主轴箱的连接面，其操作方法如下。

（1）修刮前，先将厚薄不等的铜箔垫入主轴箱与床身连接面的四角，直到测得竖直平面内主轴轴线对床鞍移动的平行度在精度允差范围以内为止。

（2）测量连接面四角所垫入铜箔的厚度差值，以此作为修刮床身连接面的依据。

6．顶尖的斜向圆跳动的检测与调整

1）超差引起故障

工件圆度超差。

2）测量方式

（1）把顶尖插入主轴锥孔内，固定千分表，使其测头垂直触及顶尖锥面。

（2）沿主轴轴线加力 F，用手缓慢而均匀地旋转主轴，千分表读数的最大差值乘以 $\cos\alpha$（α 为顶尖锥半角，一般为 $30°$），就是顶尖的斜向圆跳动误差值。如图4.11所示。

3）调节方式

将顶尖拔出后相对主轴旋转 $180°$ 再插入主轴锥孔内，重新测量。如果此时千分表示值的最高点仍位于主轴的某一固定位置，证明顶尖锥面相对莫氏锥孔中心线的同轴度是不合格的。

此时可用莫氏锥度铰刀修整主轴莫氏锥孔，直至达到要求为止。

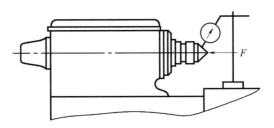

图4.11　顶尖的斜向圆跳动的检测示意图

任务实施

一、任务分析

本次任务主要是利用相关工具完成主轴的安装以及精度调试。

二、任务准备

设备、材料及工、量具准备清单见表4.7。

表4.7　设备、材料及工、量具准备清单

序号	名称	规格	数量	备注
1	内六角扳手	—	1	

续表

序号	名称	规格	数量	备注
2	百分表	—	1	
3	千分表			
4	拉马	—	1	
5	游标卡尺	—	1	
6	一字改锥	—	1	
7	十字改锥	—	1	

三、装配步骤

1. 准备工作

（1）CA6140A 型普通车床的主轴装配图；

（2）CA6140A 型普通车床；

（3）安装工具、测量工具。

2. 拆装前的检查

机械必须进行拆装前的静态与动态检查，分析之后制定拆装方案，再进行零部件的拆装，否则将导致设备精度下降或损坏零部件，引发故障或危险。所谓静态与动态检查，主要是指确定设备的精度丧失程度和功能动作情况（传动系统正常，变速齐全；操作灵活可靠；润滑系统装置齐全，油路通畅；电气系统运行可靠灵敏；滑动部位无严重的拉、研、碰伤及裂纹等，运转正常），具体存在及潜在的问题要进行整理和登记。

3. 制定拆卸方案

拆装工艺方案的选择主要是指按设备的结构、零件大小、制造精度、生产批量等因素，选择装配工艺的方法、拆装的组织形式及拆装的自动化程度。

（1）观察配对记号，并对尺寸进行检查，根据情况进行必要的除锈处理。

（2）按产品结构及装配现场的条件安排进入装配的零部件次序，保证作业场地整洁有序。

（3）合理选择装配基准件，基准件的外形和质量一般较大，并有较多的共同配合表面。

（4）拆装的先后次序应有利于保持装配精度。一般按先下后上、先内后外、先难后易、先重大后轻小、先精密后一般的次序；处于同方位的装配作业应集中安排，以避免和减少装配过程中基准件的翻转和移动；使用同一工艺装备要求在特殊环境中的作业，应尽量集中安排。

（5）按零部件的装配要求，选择合适的工艺和装备。

4. 清洗零件

合理选用清洗剂（柴油汽油等）和清洗方法（掺洗提洗或喷洗），清除零件表面上液态和固态的污染物，使工件达到一定的清洁度。

5. 车床主轴的拆装

1）拆装卡盘

普通车床可安装三爪卡盘、四爪卡盘和花盘、拨盘。主轴前端采用短锥法兰式结构与卡盘连接，其主轴头为 16 型，机床所配的卡盘为手动三爪自定心卡盘，型号为 K11250/A16，此卡盘与主轴的连接方式为直连式。装配时，安装卡盘一定要将螺钉拧紧，防止卡盘松动。使用拨盘时，拨杆也一定要用螺钉拧紧，要卸下卡盘时只要将螺钉旋出，即可把卡盘卸下。

2）拆卸 CA6140 型车床的主轴组件（见图 4.4）

（1）主轴外形呈由左至右逐渐变粗的阶梯状，因此拆卸时应由左向右用大木槌打出。主轴前端的双列圆柱滚子轴承应先与主轴一起拆下，最后才从主轴上拆下。

（2）轴承处为精密配合，拆卸较为困难，应在拆卸掉前端法兰和后罩盖后，先拧松圆螺母 1、5（先松开圆螺母上的锁紧螺钉）和前端螺母 10。

（3）主轴取出时应依次取出轴承 3、深沟球轴承 4、双向推力角接触球轴 6、垫圈 7、双列圆柱滚子轴承 8、轴承盖 9，最后在主轴上的圆柱滚子轴承内圈端面上垫个铜套将主轴敲出。

6. 车床主轴的调整

主轴轴承处的间隙过大会直接影响加工精度，主轴的旋转精度有径向跳动和轴向窜动两项，径向跳动由主轴前端的双列向心短圆柱滚子轴承和后端的向心推力轴承保证，轴向窜动由后端的向心推力球轴承和推力轴承保证。其检查方法可参考表 4.6（普通车床主要精度项目检测记录表）中的 4 和 2 项的规定进行。

四、任务实施要点及注意事项

（1）调整后应进行 1 h 的高速空运转试验，主轴轴承温度升高不得超过 70 ℃，否则应稍松开一点螺母。

（2）注意在调整螺母 1、5 时，应先松开 1、5 上的固定螺钉，调整后再将螺钉拧紧。

（3）在主轴拆卸过程中，应充分研究主轴的结构特点、工作原理及各零件功用，应特别注意滚动轴承的位置及推力轴承的松紧圈朝向，并注意零件的相互关系，做好记录。

（4）随时清洗拆下来的零件，掌握零件的清洗方法。

（5）注意检查零件表面的磨损状况及缺陷；拆下的零件要按次序排放，以便于安装。

五、任务评价

学生根据任务要求完成任务后，教师根据任务实施过程及完成情况对结果按照表 4.8 进行评价。

表 4.8　任务评价表

序号	项目	考核内容	学生检测精度	参考分值	检测结果
1	装配方法	合理选用装配次序		20	
		正确使用安装、测量工具		10+10	
2	主轴装配精度	主轴锥孔中心线径向跳动的检验		10	
		主轴定心轴颈径向跳动的检查方法		10	
		主轴轴向窜动的检验		10	
		主轴轴肩支承面跳动的检验		10	
		主轴轴线对溜板移动的平行度的检验		10	
		床头和尾座两顶尖等高度的检验		10	
总分				100	

工作任务单

任务实施

（1）主轴的作用是什么？

答：＿＿＿＿＿＿＿＿＿＿＿＿＿＿＿＿＿＿＿＿＿＿＿＿。

（2）主轴拆装中用到哪些工、量具？

答：＿＿＿＿＿＿＿＿＿＿＿＿＿＿＿＿＿＿＿＿＿＿＿＿。

（3）主轴拆卸的顺序是什么？

答：＿＿＿＿＿＿＿＿＿＿＿＿＿＿＿＿＿＿＿＿＿＿＿＿

＿＿＿＿＿＿＿＿＿＿＿＿＿＿＿＿＿＿＿＿＿＿＿＿＿＿。

（4）主轴部件主要包括哪些？请完成任务单表 1。

任务单表 1　零部件明细表

序号	名称	数量	序号	名称	数量
1			9		
2			10		
3			11		
4			12		
5			13		
6			14		
7			15		
8			16		

（5）零部件检验、清洗的目的和方法是什么？

答：_____

_____。

（6）完成任务单表2所示的装配工艺过程卡，并进行装配。

任务单表2　主轴部件的装配工艺过程卡

生产单位或班组名称		机械装配工艺过程卡	设备名称	普通车床	共1页
质量/kg			设备型号	CA6140	第1页
			部件图号	××	
数量	1		部件名称	主轴	
工序号	工序名称	工序内容	技术要求及注意事项	工具	
1					
2					
3					
4					
5					
6					
7					
8					
9					
10					
11					
12					

（7）精度调整。

精度调整记录见任务单表3。

任务单表3 精度调整记录

序号	检验项目	简图	调整方法	允许值	实测值
1					
2					
3					
4					
5					
6					

（8）分析由于主轴部件安装误差可能会对工件造成什么影响。

答：_____

_____。

（9）主轴前后间隙是如何调整的？

答：_____

_____。

（10）依据实训过程画出主轴部件装配单元系统图。

主轴部件装配单元系统图

（11）全面复检，并做必要的调整，表面清洗。

（12）任务总结。

根据所完成练习的情况，填写任务单表4。

任务单表 4　任务总结表

序号	项目	内容
1	我学到的知识	1. 2.
2	还需要进一步提高的操作练习	1. 2.
3	存在疑问或者不懂的知识点	1. 2.
4	应该注意的问题	1. 2.

学习活动 4　车床尾座的安装与调试

知识目标

（1）了解尺寸链的定义；
（2）掌握修配法的修理方法；
（3）了解尾座的材料；
（4）掌握尾座精度调整的常用方法。

技能目标

（1）能够识读装配示意图并掌握装配方法；
（2）能够绘制装配单元系统图；
（3）能够正确填写装配工艺过程卡；
（4）能够正确安装尾座，并完成精度调整。

素质目标

（1）具有简化思维；
（2）树立安全意识。

任务描述

在熟悉机电设备装配技术的一般规程、掌握机电设备装调的一般过程、明晰机电设备装调工作安全知识的基础上，制定合理的装配工艺规程，并完成车床尾座的安装与调试。

知识准备 NEW!

一、认识尾座

1. 尾座的作用

车床的尾座可沿导轨纵向移动调整其位置，其内有一根由手柄带动沿主轴轴线方向移动的心轴，在套筒的锥孔里插上顶尖，可以支承较长工件的一端，还可以换上钻头、铰刀等刀具实现孔的钻削和铰削加工。尾座示意图如图 4.12 所示。

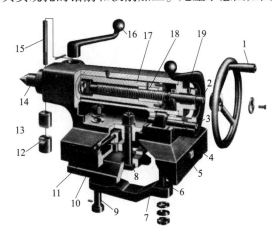

图 4.12　尾座示意图

1—手轮；2—丝杠；3—偏心轴；4—尾座；5—尾座体；6—拉杆；7—杠杆；8—螺钉；10—压板；11—调整螺钉；12—上套筒；13—下套筒；14—后顶尖；15—螺杆；16，19—手柄；17—尾座套筒；18—螺母

2. 尾座装配示意图

图 4.13 所示为 CA6140A 型卧式车床的尾座装配示意图，它由多个零件组成，如尾座体、尾座垫板、紧固螺母、紧固螺栓、压板、尾座套筒、丝杠螺母、螺母压盖、手轮、丝杠、压紧块手柄、上压紧块、下压紧块和调整螺栓等。

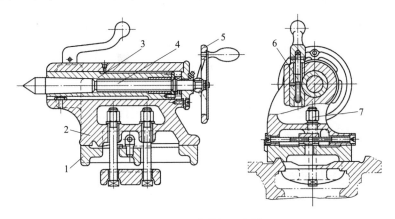

图 4.13　尾座装配示意图

1—尾座底板；2—尾座体；3—顶尖套筒；4—尾座丝杠；5—手轮；6—锁紧机构；7—压紧机构

3. 尾座的材料

（1）套类零件一般是用钢、铸铁、青铜、黄铜、铅等材料制成。一般孔径小于 70 mm 的套筒及其他毛坯采用热轧或冷轧材料。

（2）工序间加工余量。套类零件毛坯加工余量在铸、锻时已确定，如果在实心材料上加工出孔，需经过钻孔、镗孔、铰孔并在一个工序完成时，则必须为下一个工序留出加工余量。

（3）尾座顶尖套筒磨损严重的，可新制顶尖套筒，并增大外径尺寸，达到与尾座轴孔的装配要求，也可在原尾座顶尖套筒外径上镀铬，以增大尺寸，达到与轴孔的配合要求。

镀铬修复工艺如下：

①镶键。在键槽中镶入键，作为加工工艺支承用，镶键不能过紧或过松，以轻度敲入为宜，键要高出外径 0.5 mm。

②两端镶堵塞（闷头）。镶堵塞的松紧度仍以轻度敲入为宜。校正外径后，两端钻中心孔，使外径的径向圆跳动误差不超过 0.02 mm。

③外径镀铬，保证磨削余量。

④精磨外圆精磨后的外径应与尾座修复后的轴孔达到 H7/h5 配合，如轴孔仍有微量直线度误差，则它们的最大配合间隙不得超过 0.02 mm。

二、装配尺寸链的基本概念及解法

1. 尺寸链概念

在零件加工或机器装配过程中，由相互连接的尺寸所形成的封闭尺寸组，称为尺寸链。

全部组成尺寸为不同零件的设计尺寸所形成的尺寸链称为装配尺寸链。

2. 装配尺寸链的组成

组成装配尺寸链的各个尺寸简称为环，它可以是长度或角度。

（1）封闭环，即在零件加工或装配过程中间接获得或最后形成的环。

（2）组成环，即尺寸链中对封闭环有影响的全部环。

组成环又可分为增环和减环。

增环：若该环的变动引起封闭环的同向变动，则该环为增环。

减环：若该环的变动引起封闭环的反向变动，则该环为减环。

3. 尺寸链分析

在分析卧式车床装配尺寸链时，要根据车床各零件表面间存在的装配关系或相互尺寸关系，查明主要装配尺寸链。

图 4.14 所示为卧式车床的主要修理尺寸链，现将尺寸链分析如下。

1）保证前后顶尖等高的尺寸链

前后顶尖的等高性是保证加工零件圆柱度的主要尺寸，也是检验床鞍沿床身导轨纵向移动直线度的基准之一。这项尺寸链由下列各环组成：床身导轨基准到主轴轴线高度 A_1，尾座垫板厚度 A_2，尾座轴线到其安装底面距离 A_3，尾座轴线与主轴轴

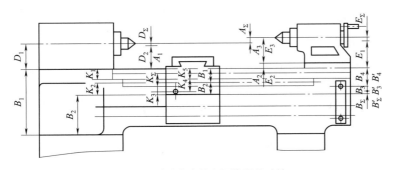

图 4.14　卧式车床的主要修理尺寸链

线高度差 A_Σ。其中 A_Σ 为封闭环，A_1 为减环，A_2、A_3 为增环。各组成环的关系为

$$A_\Sigma = A_2 + A_3 - A_1$$

车床经过长时期的使用，由于尾座的来回拖动，尾座垫板与车床导轨接触的底面受到磨损，使尺寸链中组成环 A_2 减小，而扩大了封闭环 A_Σ 的误差。大修时 A_2 尺寸的补偿是必须完成的工作之一。

2）控制主轴轴线对床身导轨平行度的尺寸链

车床主轴轴线与床身导轨的平行度是由垂直面和水平面内的两部分尺寸链控制的，如图 4.15 所示；主轴轴线在垂直面内与床身导轨间的平行度是由主轴理想轴线到主轴箱安装面（与床身导轨面等高）间的距离 D_2，以及床身导轨面与主轴实际轴线间距离 D_1 和主轴理想轴线与主轴实际轴线间距离 D_Σ 组成。D_Σ 为封闭环，D_Σ 的大小为主轴实际轴线与床身导轨在垂直面内的平行度。上述尺寸链中各组成环间的关系为

$$D_\Sigma = D_1 - D_2$$

三、尾座精度检测

1. 主轴中心与尾座顶尖孔中心等高度的检测和调整（见图 4.15）

1）检测方法

（1）将圆柱检验棒安装在两顶尖之间，顶紧检验棒，旋转几周，使其接触良好。

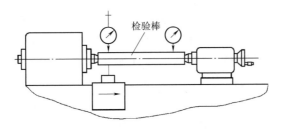

图 4.15　床头与尾座两顶尖等高度的检验和调整

（2）将千分表吸持在溜板上，表头垂直接触检验棒的母线，移动溜板，在检验棒两端分别读数。

（3）把检验棒分别旋转90°、180°、270°，取其平均值。

2）调整方法

（1）主轴箱偏高时修刮床身与主轴箱的连接面。

（2）尾座偏高时修刮尾座底板与床身导轨的滑动面。

2. 尾座套筒轴线对床鞍移动的平行度的检测与调整（见图4.16）

1）检测方法

（1）检验时尾座位于导轨末端，将顶尖套筒送入尾座孔内，并锁紧。

（2）在尾座套筒锥孔中插入检验棒，千分表固定在床鞍上，使其测头触及检验棒表面 a、b 处（a 在竖直平面内，b 在水平面内），移动床鞍检验。

（3）一次检验后，拔出检验棒，旋转180°后再插入尾座顶尖套锥孔中，重新检验一次。

（4）两次测量结果代数和的平均值就是平行度误差（a、b 的误差值分别计算）。

2）调整方法

若此项精度超差，而精度尾座套筒轴线对床鞍移动的平行度合格，则可断定是尾座套筒制造精度超差，其修磨操作要点如下：

（1）拆下套筒，在磨床上重新修磨锥孔，以保证莫氏锥孔与外圆的同轴度精度。

（2）由于锥孔修磨后变大，使某些工具的锥柄装入套筒锥孔太深，此时可在车床上将套筒外露端相应车短一段。

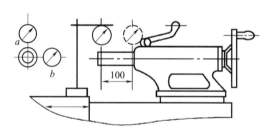

图 4.16　尾座套筒轴线对床鞍移动的平行度的检测和调整示意图

四、修配法

修配法是把零件的尺寸公差放大制造，零件装配时，其累积误差通过修配加工个别零件来解决，最后达到所要求的装配精度。修配法中，待修配的零件称为补偿件（修配件），在尺寸链中需修配的尺寸称为补偿环（修配环），装配精度为封闭环。修配法也可以解释为：用机械加工和钳工修配等修理方法改变尺寸链中补偿环的尺寸，以满足封闭环的要求。

修配法适用于装配精度要求高而组成环较多的部件，以及加工尺寸精度不易达到而必须通过修配法才能保证其装配的情况。修配法适用于单件小批装配和维修。

1. 补偿环选择

采用修配法应正确选择补偿件和补偿环，其选择原则如下：

（1）尽量利用尺寸链中原有的典型补偿件。

（2）需要更换新补偿件时，应选择容易拆装和测量且最后装配的零件作为补偿件。

（3）尽量选择尺寸链中形状简单、具有精加工基准和易加工表面的零件作为补偿件。

（4）应选择尺寸链中的单一环作为补偿件，不要选择公共环。

（5）选择尺寸链中的增环或减环为补偿环，修配时可在补偿件上去除金属（而不是增加），具体补偿量一般刮削为 0.1~0.3 mm，平面修磨为 0.05~0.15 mm。规定补偿后使装配间隙变小，为正补偿，反之为负补偿。也可以认为：当修配环为增环时补偿量为正，修配环为减环时补偿量为负。

2. 修配法的计算

1）根据补偿量确定零件放大的制造公差

（1）确定最大补偿量 Z_{kmax} 和最小补偿量 Z_{kmin}。

由于零件制造时尺寸公差放大，故装配精度会超差，则放大后的封闭环公差（装配精度）为

$$T'_N = \sum_{i=1}^{n-1} T'_i = T_N + T_{Z_k}$$

式中　T'_N——零件放大制造后，封闭环公差；

　　　T'_i——零件放大制造后，组成环公差；

　　　T_{Z_k}——修配环公差。

要保证原装配精度要求，需要对个别零件进行修配，因此修配环的公差应为

$$T_{Z_k} = T'_N - T_N$$

$$T_{Z_k} = Z_{kmax} - Z_{kmin}$$

则 Z_{kmax} 和 Z_{kmin} 可以确定。

（2）Z_{kmax} 和 Z_{kmin} 补偿量与装配精度的关系。

图 4.17（a）所示为 $Z_{kmin} = 0$ 时补偿量与装配精度的关系，图 4.17（b）所示为 $Z_{kmin} \neq 0$ 时补偿量与装配精度的关系。

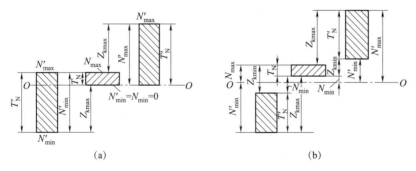

（a）　　　　　　　　　　　（b）

图 4.17　补偿量与装配误差的关系

（a）$Z_{kmin} = 0$；（b）$Z_{kmin} \neq 0$

根据图 4.17 所示的关系可建立以下计算公式。

第 1 种计算公式 [图 4.17 (a) 右侧和图 4.17 (b) 右侧]:

$$N'_{max} = N_{max} + Z_{kmax} \atop N'_{min} = N_{min} + Z_{kmin}$$

第 2 种计算公式 [图 4.17 (a) 左侧和图 4.17 (b) 左侧]:

$$N'_{max} = N_{max} - Z_{kmin} \atop N'_{min} = N_{min} - Z_{kmax}$$

放大后的封闭环公差（装配精度）T'_N 为

$$T'_N = N'_{max} - N'_{kmin}$$

（3）计算放大后的组成环平均公差 T'_M。

$$T'_M = \frac{T'_N}{n-1}$$

以 T'_M 为依据，考虑经济加工精度和国家公差与配合标准，就能确定各个组成环的放大尺寸公差。

2）计算补偿环上下极限偏差的公式

（1）当补偿环为减环，经修配加工而使封闭环增加时，应用下式计算补偿环的上下极限偏差。

$$B_s \overleftarrow{A'_k} = \Big[\sum_{i=1}^{m} B_x \overrightarrow{A'_i} - \sum_{i=m+1}^{n-2} B_s \overleftarrow{A'_i} - B_x N \Big] + Z_{kmax} \atop B_x \overleftarrow{A'_k} = \Big[\sum_{i=1}^{m} B_s \overrightarrow{A'_i} - \sum_{i=m+1}^{n-2} B_x \overleftarrow{A'_i} - B_s N \Big] + Z_{kmin}$$

式中　$B_s \overleftarrow{A'_k}$ ——补偿环是减环时，它的上极限偏差；

　　　$B_x \overleftarrow{A'_k}$ ——补偿环是减环时，它的下极限偏差；

　　　$B_s \overrightarrow{A'_i}$ ——放大制造公差后的各增环上极限偏差；

　　　$B_x \overrightarrow{A'_i}$ ——放大制造公差后的各增环下极限偏差；

　　　$B_s \overleftarrow{A_i}$ ——放大制造公差后的各减环上极限偏差；

　　　$B_x \overleftarrow{A_i}$ ——放大制造公差后的各减环下极限偏差。

（2）当补偿环为增环，经修配加工而使封闭环增大时，应用下式计算补偿环的上下极限偏差。

$$B_s \overrightarrow{A'_k} = B_s N - \Big[\sum_{i=1}^{m-1} B_s \overrightarrow{A'_i} - \sum_{i=m+1}^{n-1} B_x \overleftarrow{A'_i} \Big] - Z_{kmax} \atop B_x \overrightarrow{A'_k} = B_x N - \Big[\sum_{i=1}^{m-1} B_x \overrightarrow{A'_i} - \sum_{i=m+1}^{n-1} B_s \overleftarrow{A'_i} \Big] - Z_{kmin}$$

式中　$B_s \overrightarrow{A'_k}$ ——补偿环是增环时，它的上极限偏差；

　　　$B_x \overrightarrow{A'_k}$ ——补偿环是增环时，它的下极限偏差。

（3）当补偿环为增环，经修配加工而使封闭环减少时，应用下式计算补偿环的上下偏差。

$$B_s \overrightarrow{A'_k} = B_s N' - \left[\sum_{i=1}^{m-1} B_s \overrightarrow{A'_i} - \sum_{i=m+1}^{n-1} B_x \overleftarrow{A'_i} \right] \Bigg\}$$

$$B_x \overrightarrow{A'_k} = B_x N' - \left[\sum_{i=1}^{m-1} B_x \overrightarrow{A'_i} - \sum_{i=m+1}^{n-1} B_s \overleftarrow{A'_i} \right] \Bigg\}$$

式中 $B_s N'$——封闭环减小后的上极限偏差；

$B_x N'$——封闭环减小后的下极限偏差。

3）验算最大补偿量 Z 和修配加工后能否保证原装配精度

（1）应用式（4.12）时，具体验算合格的条件是：当补偿环尺寸为最大（或最小）时，修配 Z_{kmax} 应能保证原装配精度要求的最大值 N_{max}；当补偿环尺寸为最小（或最大）时，修配掉 Z_{kmin} 或不加修配（即 $Z_{kmin}=0$），就能保证原装配精度要求的最小值 N_{min}。

由此可得验算公式为

$$\left(\sum_{i=1}^{m} B_s \overrightarrow{A'_i} - \sum_{i=m+1}^{n-1} B_x \overleftarrow{A'_i} \right) - Z_{kmax} = N_{max} \Bigg\}$$

$$\left(\sum_{i=1}^{m} B_x \overrightarrow{A'_i} - \sum_{i=m+1}^{n-1} B_s \overleftarrow{A'_i} \right) - Z_{kmin} = N_{min} \Bigg\}$$

（2）应用式（4.13）时，具体验算合格的条件是：当补偿环尺寸为最大（或最小）时，修配掉 Z_{kmax} 应能保证原装配精度要求的最小值 N_{min}；当补偿环尺寸为最小（或最大）时，修配掉 Z_{kmin} 或者不加修配（即 $Z_{kmin}=0$），就能保证原装配精度要求的最大值 Z_{kmax}。

由此可得验算公式为

$$\left(\sum_{i=1}^{m} B_s \overrightarrow{A'_i} - \sum_{i=m+1}^{n-1} B_x \overleftarrow{A'_i} \right) + Z_{kmin} = N_{max} \Bigg\}$$

$$\left(\sum_{i=1}^{m} B_x \overrightarrow{A'_i} - \sum_{i=m+1}^{n-1} B_s \overleftarrow{A'_i} \right) + Z_{kmax} = N_{min} \Bigg\}$$

任务实施

一、任务分析

本任务是利用相关工具完成尾座的安装调试，针对一些常见故障能够进行排除并达到相关精度要求，同时培养学生吃苦耐劳、团结协作的精神。

二、任务准备

设备、材料及工、量具准备清单见表 4.9。

表 4.9 设备、材料及工、量具准备清单

序号	名称	规格	数量	备注
1	尾座	—	1	

续表

序号	名称	规格	数量	备注
2	百分表	—	1	
3	螺旋工具	—	2	
4	扳手（内六角、活动扳手）	—	1	
5	其他工具（钳子、锤子、木块）	—	若干	

三、实施步骤

（1）阅读尾座部件装配图。

（2）完成拆卸工艺过程卡的制定，并完成拆卸。

（3）完成尾座套筒的检测，制定修复方案。

（4）完成尾座体轴孔的检测，制定修复方案。

（5）完成尾座的装配，检测装配精度是否满足要求。

（6）完成机械装配用的装配工艺过程卡。

四、任务实施要点及注意事项

（1）看懂结构再动手拆装，并按先外后里、先易后难、先下后上的顺序进行拆卸。

（2）先拆紧固、连接、限位件（顶丝、销钉、卡圆、衬套等）。

（3）拆前看清组合件的方向、位置排列等，以免装配时弄错。

（4）拆下的零件要有秩序地摆放整齐，做到键归槽、钉插孔、滚珠丝杠盒内装。

（5）拆卸时注意安全，注意防止倾倒或掉下，拆下零件要向桌案里边放，以免掉下砸人。

（6）拆卸零件时，不准用铁锤猛砸，当拆不下或装不上时不要硬来，分析原因（看图），弄清楚后再拆装。

五、任务评价

学生根据任务要求完成任务后，教师根据任务实施过程及完成情况对结果按照表 4.10 进行评价。

表 4.10 尾座拆装与调试的记录及评价

序号	项目	考核内容	学生检测精度	参考分值	检测结果
1	装配方法及效果	合理选用装配次序，正确使用安装、测量工具		10	
		丝杠应无明显轴向窜动，手轮转动丝杠时应轻快、灵活		10	

续表

序号	项目	考核内容	学生检测精度	参考分值	检测结果
1	装配方法及效果	压紧块与尾座套筒接触良好，接触位置正确		10	
		压紧尾座套筒手柄的正确夹紧位置，在以轴线为基准的±15°范围内		10	
2	尾座和主轴两顶尖的等高度	尾座顶尖高于主轴顶尖 0.04 mm		10	
3	尾座套筒轴线对溜板移动的平行度	（1）在水平面内：在 100 mm 测量长度上为 0.015 mm（向前）； （2）在垂直平面内：在 100 mm 测量长度上为 0.02 mm（向上）		10	
4	尾座套筒锥孔轴线对溜板移动的平行度	测量长度 $D_a/4$ 或不超过 300 mm： （1）在水平面内：在 300 mm 测量长度上为 0.03 mm（只允许向前）； （2）在垂直平面内：在 300 mm 测量长度上为 0.03 mm（只允许向上）		10	
5	其他考核项	安全文明实训，各种量具、夹具、车刀等应妥善保管，切勿碰撞，并注意对车床的维护和保养		20	
	合计			100	

工作任务单

学习过程

1. 识读装配图完成下列问题

（1）仔细阅读尾座装配图，填写零部件明细表（见任务单表 1）。

任务单表 1　零部件明细表

序号	名称	数量	序号	名称	数量
1			8		
2			9		
3			10		
4			11		
5			12		
6			13		
7			14		

（2）回答如下问题。

①尾座的作用是什么？

答：_____

_____ 。

②尾座的材料是什么？

答：_____

2. 完成尾座拆卸及零部件检验与修理

（1）根据所提供装配图，制定尾座拆装工序卡，完成任务单表2的填写，并完成拆卸。

任务单表2　尾座部件的拆卸工艺过程卡

生产单位或班组名称		机械装配工艺过程卡	设备名称	普通车床	共1页
质量/kg			设备型号	CA6140A	第1页
			部件图号	CA6140A-00	
数量	1		部件名称	尾座	
工序号	工序名称	工序内容	技术要求及注意事项	工具	
1					
2					
3					
4					
5					
6					
7					
8					
9					
10					

续表

生产单位或班组名称	机械装配工艺过程卡		设备名称	普通车床	共1页
			设备型号	CA6140A	第1页
质量/kg			部件图号	CA6140A-00	
数量	1		部件名称	尾座	
工序号	工序名称	工序内容	技术要求及注意事项	工具	
11					
12					

（2）完成零部件的检验、清洗，判断零件有无时效，并在任务单表2中标注清楚。

①完成零部件清洗。

②检查尾座顶尖套筒是否磨损。　　　　　　　　　　　　　□是　　□否

如有磨损，及时更换

答：_____

_____。

③检查尾座顶尖套筒是否磨损。　　　　　　　　　　　　　□是　　□否

如有磨损：对尾座体轴孔进行研磨，如任务单图1所示，修理前一般是轴孔的前端孔径较大，修整完成后保证孔径的中心线呈直线而孔径最好略呈腰鼓形（中间孔径略大一些）。

注意：更换的尾座顶尖套筒，应保证其外径与研磨后的轴孔配合性质不发生改变。

④检查尾座体底面和尾座轴孔轴线平行度是否超差。　　　　　□是　　□否

检测方法：将尾座套筒和尾座体进行装配后，放置于平板上，顶尖伸出 100 mm，按照任务单图 2 所示测量其平行度，其平行度为_____。

如果超差，则可用平板刮研底面至要求。

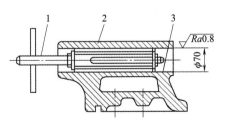

任务单图 1　尾座体轴孔进行
研磨示意图
1—研磨棒；2—尾座体；3—孔

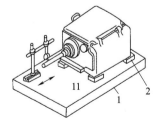

任务单图 2　尾座体底面和尾座
轴孔轴线平行度检测示意图
1—平板；2—等高垫铁

③检查其他零部件有无损坏。

3. 完成装配工艺过程卡，并进行装配

（1）完成装配工艺过程卡的制定，见任务单表3。

任务单表3　尾座部件的装配工艺过程卡

生产单位或班组名称		机械装配工艺过程卡		设备名称	普通车床	共1页
质量/kg				设备型号	CA6140A	第1页
				部件图号	×××	
数量	1			部件名称	尾座	
工序号	工序名称	工序内容		技术要求及注意事项	工具	
1						
2						
3						
4						
5						
6						
7						
8						
9						
10						
11						
12						

（2）依据装配工序卡完成装配。

（3）精度调整。

依据精度检测要求，对相关精度检测项目进行检验，完成下列内容：

①主轴中心与尾座顶尖孔中心等高度的检测与调整。

在任务单表4中完成简图绘制，并进行测量，如果超差则应进行调整。

任务单表4　主轴中心孔与尾座顶尖孔中心等高度的检测与调整

检测示意图	检测数据							调整方法
	位置	0°	90°	180°	270°	平均高度	高度差	是否合格	
	主轴中心线								
	尾座中心线								

②尾座套筒轴线对床鞍移动的平行度的检测与调整，见任务单表5。

任务单表5　尾座套筒轴线对床鞍移动的平行度的检测与调整

检测示意图	检测数据			调整方法
	测量位置	a	b	
	误差			
	允差	是否合格	是否合格	

③尾座套筒锥孔轴线对床鞍移动的平行度的检测与调整，见任务单表6。

任务单表6　尾座套筒锥孔轴线对床鞍移动的平行度的检测与调整

检测示意图	检测数据			调整方法
	测量位置	a	b	
	误差			
	允差	是否合格	是否合格	

4. 利用修理装配法对尾座修配进行分析

请根据所讲内容结合 CA6140 尾座基础数据，制定尾座修理工艺，完成任务单表7。

任务单表7　利用修理装配法对尾座修配进行分析

	基础数据
	卧式车床，根据车床标准规定，主轴锥孔轴线和尾座顶尖孔轴线的等高度最大允差为 0.06 mm，只许尾座略高。已知这个尺寸链中各组成环尺寸为：主轴锥孔轴线高度 A_1 = _____；尾座顶尖轴线高度 A_2 = _____；尾座底板厚度 A_3 = _____。

修理方法	修配法		修配环		
车间名称	工段	班组	工序	部件数	净重
修配车间					

<table>
<tr><td rowspan="8">修配方案</td><td>（1）确定封闭环为</td><td colspan="2">封闭环为_____</td></tr>
<tr><td>（2）绘制装配尺寸链</td><td>尺寸链图</td><td>增环_____，减环_____</td></tr>
<tr><td>（3）补偿件_____</td><td colspan="2">补偿件为_____</td></tr>
<tr><td>（4）补偿量</td><td colspan="2">最大补偿量 Z_{kmax}：_____；最小补偿量 Z_{kmin}：_____</td></tr>
<tr><td>（5）确定放大零件制造公差后的封闭环公差（装配误差）</td><td colspan="2"></td></tr>
<tr><td>（6）确定放大后的零件平均制造公差，并确定各零件的制造公差</td><td colspan="2"></td></tr>
<tr><td>（7）确定补偿件的上下偏差</td><td colspan="2"></td></tr>
<tr><td>（8）验算装配精度</td><td colspan="2"></td></tr>
</table>

5. 分析由于尾座安装误差可能会对工件造成的影响

答：_____

_____

6. 全面复检，并做必要的修整

全面复检，做必要的调整，并进行表面清洗。

7. 任务总结

根据所完成联系情况，填写任务单表 8。

任务单表 8　任务总结表

序号	项目	内容
1	我学到的知识	1. 2.
2	还需要进一步提高的操作练习	1. 2.
3	存在疑问或者不懂的知识点	1. 2.
4	应该注意的问题	1. 2.

 **学习活动5** 刀架部分拆装与调试

 知识目标

（1）了解刀架的组成与工作原理；
（2）了解小滑板的组成与工作原理；
（3）掌握小滑板导轨间隙的调整方法；
（4）掌握刀架和小滑板精度的调整方法。

 技能目标

（1）能够正确装配刀架；
（2）能够正确装配小滑板；
（3）能够正确调整小滑板导轨间隙；
（4）能够正确调整刀架和小滑板的精度。

 素质目标

（1）具备去粗取精、去伪存真的科学精神；
（2）树立安全意识。

任务描述

刀架的拆装与调试是指按正确的操作步骤与方法对车床方刀架进行拆卸和再次装配，并达到可靠的工作效果和工作精度的过程。

车床刀架部件由两层滑板、床鞍与刀架体共同组成，用于安装车刀并带动车刀做纵向、横向或斜向运动。图 4.18 所示为刀架和小滑板的立体模型，刀架和小滑板的拆装与调试要求按照正确的操作步骤和方法进行拆卸和装配并达到可靠的工作效果和工作精度，同时在操作过程中完成清洗和润滑。

图 4.18　刀架和小滑板的立体模型

知识准备 NEW!

一、刀架的结构及其作用

CA6140 卧式车床的方刀架、转盘及小滑板的结构图如图 4.19 所示。

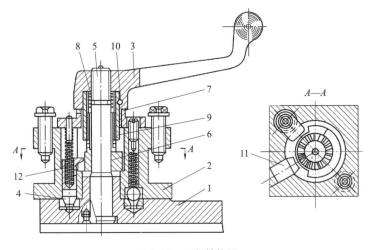

图 4.19　刀架结构图

1—小滑板；2—方刀架；3—手柄；4—定位销；5—中心轴；6—凸块；
7，9—套筒；8—弹簧；10—固定销；11—销子；12—弹簧

二、精度检测

1. 螺旋机构的装配间隙测量

1）径向间隙的测量

径向间隙直接反映丝杠螺母的配合精度，其测量方法如图 4.20 所示。将丝杠螺母置于图 4.20 所示位置后，使百分表测头抵在螺母 1 上，用稍大于螺母重量 Q 的力压下或抬起螺母，百分表指针的摆动差即为径向间隙值。

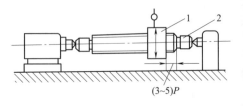

$(3\sim5)P$

图 4.20　径向间隙的测量示意图

1—螺母；2—进给丝杠

2）轴向间隙的测量

丝杠螺母的轴向间隙直接影响其传动准确性，进给丝杠应有轴向间隙消除机构，常见的包括单向螺母消隙机构和双向螺母消隙机构，如图 4.21 和图 4.22 所示。

（1）单向螺母消隙机构。

当丝杠螺母传动机构只有一个螺母时，常采用如图 4.21 所示的消隙机构，使螺母和丝杠始终保持单向接触。注意消隙机构的消隙力方向应与切削力方向一致，以防止进给时产生爬行，影响进给精度。

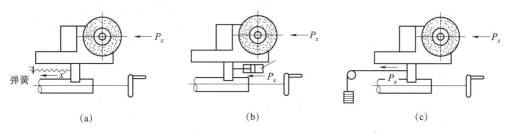

图 4.21　单向螺母消隙机构示意图

（2）双向螺母消隙机构。

双向运动的丝杠螺母应用两个螺母来消除双向轴向间隙，其结构如图 4.22 所示。

图 4.22（a）所示为利用楔块消除间隙的机构。调整时，松开螺钉 3，再拧动螺钉 1 使楔块 2 向上移动，以推动带斜面的螺母右移，从而消除轴向间隙。调好后用螺钉 3 锁紧（C620-1 机床横向进给机构就是这样消除间隙的）。

图 4.22（b）所示为利用弹簧消除间隙的机构。调整时，转动调节螺母 4，通过垫圈 3 及压缩弹簧 2 使螺母 5 轴向移动，以消除轴向间隙。

图 4.22（c）所示为利用垫片厚度来消除轴向间隙的机构。丝杠螺母磨损后，通过修磨垫片 2 来消除轴向间隙。

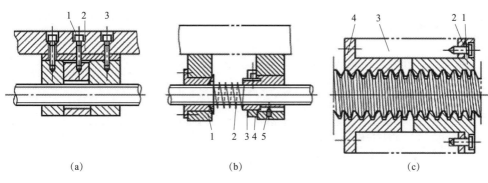

图 4.22　双螺母消隙机构示意图

　（a）利用楔块消除；　　　　　（b）利用弹簧消除；　　　　（c）利用垫片厚度消除
　1，3—螺钉；2—楔块　　　　　1，5—螺母；2—压缩弹簧；　　1—螺钉；2—垫片
　　　　　　　　　　　　　　　　3—垫圈；4—调节螺母　　　　3—机座；4—丝杠螺母

2. 小刀架移动轨迹对主轴中心线平行度的测量

小刀架部件装配在刀架中滑板上，按图4.23所示方法测量小刀架移动轨迹对主轴中心线的平行度。测量时，先横向移动刀架，使百分表测头触及主轴锥孔中检验心轴的上素线，再纵向移动小刀架测量，误差应不超过0.03 mm/100 mm。若超差，则通过刮削小刀架滑板与刀架中滑板的接合面来调整。

1）检测方法

（1）把检验棒插入主轴锥孔内，再将千分表固定在小滑板上，使其测头在水平面内触及检验棒。

（2）调整小滑板，使千分表在检验棒两端的读数相等。

图4.23　小刀架移动轨迹对主轴中心线平行度的测量

（3）将千分表测头在竖直平面内触及检验棒，移动小滑板检验。

（4）将主轴旋转180°，再同样检验一次。

（5）两次测量结果代数和的平均值就是平行度误差。

2）调整方法

该项精度如果超差，则可修刮小滑板底座与中滑板连接的回转面，直至合格为止。

任务实施

一、任务分析

以项目小组为单位，认知 CA6140A 型卧式车床的方刀架、转盘及小滑板装配图，制定合理的方刀架、小滑板和刀具的安装与调整方法。

二、任务准备

设备、材料及工、量具准备清单见表4.11。

表4.11　设备、材料及工、量具准备清单

序号	名称	规格	数量	备注
1	内六角扳手	—	1	
2	百分表	—	1	
3	螺旋工具	—	2	

三、装配步骤

（1）阅读普通车床小滑板以及刀架装配图。

（2）完成机械装配用的装配工艺过程卡，见表4.12和表4.13。

表 4.12 刀架部件的装配工艺过程卡

生产单位或班组名称			设备名称	普通车床	共 1 页
质量/kg		机械装配工艺过程卡	设备型号	CA6140A	第 1 页
			部件图号	×××	
数量	1		部件名称	刀架	
工序号	工序名称	工序内容	技术要求及注意事项	工具	
1					
2					
3					
4					
5					
6					
7					
8					
9					
10					
11					
12					

表 4.13 中滑板部件的装配工艺过程卡

生产单位或班组名称			设备名称	普通车床	共 1 页
质量/kg		机械装配工艺过程卡	设备型号	CA6140A	第 1 页
			部件图号	×××	
数量	1		部件名称	中滑板	
工序号	工序名称	工序内容	技术要求及注意事项	工具	
1					
2					
3					
4					
5					
6					
7					
8					
9					
10					
11					
12					

（3）填写刀架及小滑板零部件明细表，见表 4.14 和表 4.15。

表 4.14　刀架零部件明细表

序号	名称	数量	序号	名称	数量
1			8		
2			9		
3			10		
4			11		
5			12		
6			13		
7			14		

表 4.15　小滑板零部件明细表

序号	名称	数量	序号	名称	数量
1			8		
2			9		
3			10		
4			11		
5			12		
6			13		
7			14		

（4）根据装配工艺过程卡完成安装。

（5）精度调整。

四、任务实施要点及注意事项

（1）安装刀架时，应该注意安装零件的先后顺序。

（2）安装完刀架后，应检验刀架的旋转精度是否达到要求。

（3）安装完小滑板后，应检验小滑板的间隙是否合理。

（4）安装刀具时，刀具的刀尖必须与主轴轴线等高，并保证刀具的伸出量。

五、任务评价

学生根据任务要求完成任务后，教师根据任务实施过程及完成情况对结果按照表 4.16 进行评价。

表 4.16　任务评价表

序号	项目	考核内容	学生检测精度	参考分值	检测结果
1	装配方法	合理选用装配次序		25	
		正确使用安装、测量工具		10+10	

序号	项目	考核内容	学生检测精度	参考分值	检测结果
2	小滑板装配精度	小滑板纵向移动对主轴轴线的平行度：300 mm 测量长度为 0.04 mm		20	
3	小滑板装配精度	小滑板移动对主轴轴线的平行度：300 mm 测量长度为 0.02 mm		15	
4	其他考核项	20		20	
总分				100	

工作任务单

任务实施

1. 识读装配图完成下列问题

（1）仔细阅读刀架部件装配图，填写零部件明细表（见任务单表 1 和任务单表 2）。

任务单表 1　刀架零部件明细表

序号	名称	数量	序号	名称	数量
1			8		
2			9		
3			10		
4			11		
5			12		
6			13		
7			14		

任务单表 2　小滑板零部件明细表

序号	名称	数量	序号	名称	数量
1			8		
2			9		
3			10		
4			11		
5			12		
6			13		
7			14		

（2）回答以下问题。

①刀架、小滑板的作用是什么？

答：_____

_____

_____

_____○

②刀架的工作原理是什么？

答：_____

_____

_____

_____○

2．完成刀架部件（包括小滑板）的拆卸及零部件的检验与修理

（1）根据所提供装配图，制定刀架部件（包括小滑板）拆装工序卡，完成任务单表3的填写，并完成拆卸。

任务单表3　刀架部件（包括小滑板）的拆卸工艺过程卡

生产单位或班组名称		机械装配工艺过程卡	设备名称	普通车床	共1页
质量/kg			设备型号	CA6140A	第1页
			部件图号	×××	
数量	1		部件名称	刀架部件	
工序号	工序名称	工序内容	技术要求及注意事项	工具	
1					
2					
3					
4					
5					
6					
7					
8					
9					
10					
11					
12					
13					
14					
15					
16					

（2）完成零部件的检验、清洗，判断零件有无时效。

①完成零部件的清洗。

②检查小滑板上滑座表面1（见任务单图1）是否有严重磨损。　　□是　□否

分析原因：＿＿＿＿＿＿＿＿＿＿＿＿＿＿＿＿＿＿＿＿＿＿＿＿＿＿＿＿＿＿。

如何修复：＿＿＿＿＿＿＿＿＿＿＿＿＿＿＿＿＿＿＿＿＿＿＿＿＿＿＿＿＿＿。

③检验小滑板转盘座（见任务单图2）的2、3表面是否平行。　　□是　□否

任务单图1　小滑板座体

1，2，3，4—面

任务单图2　刀架转盘座

1，2，3，4—面

检测方法：＿＿＿＿＿＿＿＿＿＿＿＿＿＿＿＿＿＿＿＿＿＿＿＿＿＿＿＿＿＿

＿＿＿＿＿＿＿＿＿＿＿＿＿＿＿＿＿＿＿＿＿＿＿＿＿＿＿＿＿＿＿＿＿＿＿＿。

绘制平行度检测示意图：

小滑板1、2表面平行度检测示意图

如何修复：＿＿＿＿＿＿＿＿＿＿＿＿＿＿＿＿＿＿＿＿＿＿＿＿＿＿＿＿＿＿。

④检测任务单图1小滑板座体燕尾导轨面3、4。

检测方法：＿＿＿＿＿＿＿＿＿＿＿＿＿＿＿＿＿＿＿＿＿＿＿＿＿＿＿＿＿＿。

如何修复：＿＿＿＿＿＿＿＿＿＿＿＿＿＿＿＿＿＿＿＿＿＿＿＿＿＿＿＿＿＿。

⑤检测镶条。

镶条的作用是：＿＿＿＿＿＿＿＿＿＿＿＿＿＿＿＿＿＿＿＿＿＿＿＿＿＿＿＿。

如何检测镶条：＿＿＿＿＿＿＿＿＿＿＿＿＿＿＿＿＿＿＿＿＿＿＿＿＿＿＿＿。

3. 完成装配工艺过程卡，并进行装配

（1）完成装配工艺过程卡的制定，见任务单表4和任务单表5。

任务单表 4　刀架部件的装配工艺过程卡

生产单位或班组名称			设备名称	普通车床	共1页
质量/kg		机械装配工艺过程卡	设备型号	CA6140A	第1页
			部件图号	×××	
数量	1		部件名称	刀架	
工序号	工序名称	工序内容	技术要求及注意事项	工具	
1					
2					
3					
4					
5					
6					
7					
8					
9					
10					
11					
12					

任务单表 5　小滑板部件的装配工艺过程卡

生产单位或班组名称			设备名称	普通车床	共1页
质量/kg		机械装配工艺过程卡	设备型号	CA6140A	第1页
			部件图号	×××	
数量	1		部件名称	小滑板	
工序号	工序名称	工序内容	技术要求及注意事项	工具	
1					
2					
3					
4					
5					
6					
7					
8					
9					
10					
11					
12					

（2）依据装配工序卡完成装配。

①方刀架的装配。

方刀架的工作原理：_____。

②转盘的调整。

③小滑板的装配。

分析由于刀架、小滑板安装误差可能会对工件造成什么影响。

答：_____

_____。

a. 将镶条放入小滑板和底座侧面导轨之间，镶条以较薄一端放入；

b. 在小滑板手柄一端装上垫圈，用螺钉锁紧；

c. 在小滑板另一端放上垫圈，用螺钉锁紧。

（3）精度调整。

依据精度检测要求，对相关精度检测项目进行检验，完成下列内容：

①小滑板间隙测量及调整。

分析间隙过大可能产生的原因，并绘制检测示意图，完成检测，见任务单表6。

任务单表6　小滑板间隙测量及调整

分析间隙过大造成的影响	检测方法及示意图	调整方法

②小滑板丝杠螺母间隙测量及调整。

分析间隙过大可能产生的原因，并绘制检测示意图，完成检测，见任务单表7。

任务单表7　小滑板丝杠螺母间隙测量及调整

分析间隙过大造成的影响	检测方法及示意图	调整方法

③小刀架移动轨迹对主轴中心线平行度的测量及调整。

在任务单表8中完成简图绘制，并进行测量，分析超差的调整方法。

任务单表8　小刀架移动轨迹对主轴中心线平行度的测量及调整

检测示意图	检测数据			调整方法
	测量位置	上素线	下素线	
	误差			
	允差	是否合格	是否合格	

4. 全面复检，并做必要的修整

全面复检，做必要的调整，并进行表面清洗。

5. 任务总结与评价

根据所完成练习的情况，填写任务单表9。

任务单表9　任务总结表

序号	评分项目		评价内容	检测标准	分值	学生得分
1	拆卸工艺		合理选用拆卸顺序，完成拆卸工艺卡的制定			
			正确使用拆卸、检测工具			
2	装配工艺		合理选用装配顺序，完成装配工艺卡的制定			
			正确使用装配、检测工具			
3	精度调整	小刀架移动轨迹对主轴中心线平行度的测量及调整	小刀架纵向移动对主轴轴线平行度	300 mm 测量长度为 0.04 mm		
		小滑板间隙的测量及调整	检测、调整方法是否正确			
		小滑板丝杠螺母间隙的测量及调整	检测、调整方法是否正确			
总分						

学习活动 6 项目总结与评价

学习目标

（1）能自信地展示自己的作品，讲述作品的优势和特点，并能采用多种形式进行成果展示；

（2）能倾听别人对自己作品的点评；

（3）能听取别人的建议并加以给进。

一、成品检测

按照表 4.17 所示的检测标准再次对装配精度进行检验，并填写表格。

表 4.17　CA6140 卧式车床安装后精度测试项目

序号	测试项目	允差	实测误差值
1	床身导轨条水平度与直线度*	纵向：在垂直平面内直线度 0.02 mm（只许中凸）	
		水平度：不大于 0.04/1 000 mm	
2	中滑板导轨的水平度与前后导轨平行度*	前后导轨平行度：0.04/1 000 mm	
		水平度：0.03/1 000 mm	
3	滑板移动在水平面内的直线度*	0.03 mm	
4	主轴轴线对溜板纵向移动的平行度*（在距离主轴端部 300 mm 长度内）	侧母线：0.015 mm	
		下母线：0.02 mm	
5	尾座套筒中心线对溜板的平行度**	侧母线：0.02 mm	
		下母线：0.04 mm	
6	尾座套筒与主轴中心连线对溜板的平行度**	侧母线：0.02 mm	
		下母线：0.03 mm	
7	大丝杠轴向窜动**	0.015 mm	
8	主轴端部径向跳动•	0.01 mm	
9	主轴端面轴向窜动•	0.02 mm	
10	主轴轴线的径向跳动•（在距离主轴端部 300 mm 长度内）	离端部 300 mm 处：0.02 mm	
		端部：0.01 mm	
11	主轴与尾座两顶尖等高度•	尾座顶尖高于主轴顶尖不大于 0.04 mm	
12	小刀架纵向移动对主轴轴线的平行度•	在 300 mm 测量长度上不大于 0.04 mm	

续表

序号	测试项目	允差	实测误差值
13	刀架横向移动对主轴轴线的垂直度[●]	垂直度：0.02/300 mm，偏差方向大于90°	
14	精车 300 mm 长度螺纹螺距累积误差★	在 300 mm 测量长度上不大于 0.04 mm，在全程上不大于 0.015 mm	
		在任意 60 mm 长度上不大于 0.05 mm	
15	在 300 mm 长度上车削外圆的几何误差★	圆度不大于 0.01 mm	
		圆柱度不大于 0.04 mm	
16	在 300 mm 直径上精车端面平行度★	0.025 mm	

注：1. 注明"*"的项目是指长途运输、搬运、拆卸、异地安装过程中必定引起变化或比较容易引起变化的项目；

2. 注明"**"的项目是指长途运输、搬运、装卸、异地安装过程中有可能引起变化，并且影响工作精度的项目；

3. 注明"●"的项目是指长途运输、搬运、拆卸、异地安装过程中不太可能变化的项目；

4. 标注"★"的第 14、15、16 项需要选择具有综合性加工表面的零件进行加工测试，加工精度若不合格，则需要再测试第三类项目等

二、个人总结

（1）在装配过程中你遇到了哪些问题？是如何克服的？

答：_____

_____

_____

（2）现在假如要求你将自己装配的产品在小组内展示，请写出成果展示方案。

答：_____

_____

_____

（3）写出工作总结和评价，并完成自评表 4.18。

答：_____

_____

_____

_____

评价与分析

活动过程评价自评表见表4.18。

表4.18 活动过程评价自评表

班级	组别		姓名		学号		日期	年 月 日		
评价指标	评价要素					权重	等级评定			
							A	B	C	D
信息检索	能利用网络资源、工作手册查找有效信息					5%				
	能用自己的语言有条理地去解释、表述所学知识					5%				
	能将查找到的信息有效转换到工作中					5%				
感知工作	是否熟悉工作岗位、认同工作价值					5%				
	在工作中是否获得满足感					5%				
参与状态	与教师、同学之间是否相互尊重、理解、平等					5%				
	与教师、同学之间是否能够保持多向、丰富、适宜的信息交流					5%				
	探究学习，自主学习不流于形式，处理好合作学习和独立思考的关系，做到有效学习					5%				
	能提出有意义的问题或能发表个人见解，能按要求正确操作，能够倾听、协作分享					5%				
	积极参与，在产品加工过程中不断学习，提高综合运用信息技术的能力					5%				
学习方法	工作计划、操作技能是否符合规范要求					5%				
	是否获得了进一步发展的能力					5%				
工作过程	遵守管理规程，操作过程符合现场管理要求					5%				
	平时上课的出勤情况和每天完成工作任务的情况					5%				
	善于多角度思考问题，能主动发现、提出有价值的问题					5%				
思维状态	是否能发现问题、提出问题、分析问题、解决问题、创新问题					5%				
自评反馈	按时按质地完成工作任务					5%				
	较好地掌握了专业知识点					5%				
	具有较强的信息分析能力和理解能力					5%				
	具有较为全面、严谨的思维能力，并能条理明晰地表述成文					5%				
自评等级										
有益的经验和做法										
总结反思建议										

等级评定：A：好　　B：较好　　C：一般　　D：有待提高

三、展示评价

把个人制作好的制件先进行分组展示，再由小组推荐代表作必要的介绍。在展示的过程中，以组为单位进行评价；评价完成后，根据其他组成员对本组展示的成果评价意见进行归纳总结并完成表 4.19。主要评价项目如下：

（1）展示的产品符合技术标准吗？（其他组填写）

合格□　　　　　　不良□　　　　　　　返修□　　　报废□

（2）与其他组相比，本小组的产品工艺是否合理？（其他组填写）

工艺优化□　　　　工艺合理□　　　　工艺一般□

（3）本小组介绍成果表达是否清晰？（其他组填写）

很好□　　　　　一般，常补充□　　　不清晰□

（4）本小组演示产品检测方法操作是否正确？（其他组填写）

正确□　　　　　部分正确□　　　　不正确□

（5）本小组演示操作时是否遵循了 6S 的工作要求？（其他组填写）

符合工作要求□　　忽略了部分要求□　　完全没有遵循□

（6）本小组的成员团队创新精神如何？（其他组填写）

良好□　　　　　一般□　　　　　不足□

（7）总结本次任务，本组是否达到学习目标？本组的建议是什么？你给予本组的评分是多少？（个人填写）

答：＿＿＿＿＿＿＿＿＿＿＿＿＿＿＿＿＿＿＿＿＿＿＿＿＿＿＿＿＿＿＿＿
＿＿＿＿＿＿＿＿＿＿＿＿＿＿＿＿＿＿＿＿＿＿＿＿＿＿＿＿＿＿＿＿＿＿＿
＿＿＿＿＿＿＿＿＿＿＿＿＿＿＿＿＿＿＿＿＿＿＿＿＿＿＿＿＿＿＿＿＿＿＿
＿＿＿＿＿＿＿＿＿＿＿＿＿＿＿＿＿＿＿＿＿＿＿＿＿＿＿＿＿＿＿＿＿＿＿
＿＿＿＿＿＿＿＿＿＿＿＿＿＿＿＿＿＿＿＿＿＿＿＿＿＿＿＿＿＿＿＿＿＿＿
＿＿＿＿＿＿＿＿＿＿＿＿＿＿＿＿＿＿＿＿＿＿＿＿＿＿＿＿＿＿＿＿＿＿＿
＿＿＿＿＿＿＿＿＿＿＿＿＿＿＿＿＿＿＿＿＿＿＿＿＿＿＿＿＿＿＿＿＿＿＿
＿＿＿＿＿＿＿＿＿＿＿＿＿＿＿＿＿＿＿＿＿＿＿＿＿＿＿＿＿＿＿＿＿＿＿
＿＿＿＿＿＿＿＿＿＿＿＿＿＿＿＿＿＿＿＿＿＿＿＿＿＿＿＿＿＿＿＿＿＿＿
＿＿＿＿＿＿＿＿＿＿＿＿＿＿＿＿＿＿＿＿＿＿＿＿＿＿＿＿＿＿＿＿＿＿＿。

学生：（签名）＿＿＿＿＿＿＿＿＿　　　＿＿＿＿年＿＿＿月＿＿＿日

表 4.19　活动过程评价互评表（组长填写）

班级		组别		姓名		学号		日期	年　月　日			
评价指标	评价要素							权重	等级评定			
									A	B	C	D
信息检索	能利用网络资源、工作手册查找有效信息							5%				
	能用自己的语言有条理地去解释、表述所学知识							5%				
	能将查找到的信息有效地转换到工作中							5%				
感知工作	是否熟悉自己的工作岗位、认同工作价值							5%				
	在工作中是否获得满足感							5%				
参与状态	与教师、同学之间是否相互尊重、理解、平等							5%				
	与教师、同学之间是否能够保持多向、丰富、适宜的信息交流							5%				
	能处理好合作学习和独立思考的关系，做到有效学习							5%				
	能提出有意义的问题或能发表个人见解，能按要求正确操作，能够倾听、协作分享							5%				
	积极参与，在产品加工过程中不断学习，综合运用信息技术的能力提高很大							5%				
学习方法	工作计划、操作技能是否符合规范要求							5%				
	是否获得了进一步发展的能力							5%				
工作过程	是否遵守管理规程，操作过程是否符合现场管理要求							5%				
	平时上课的出勤情况和每天完成工作任务的情况							5%				
	是否善于多角度思考问题，能主动发现、提出有价值的问题							5%				
思维状态	是否能发现问题、提出问题、分析问题、解决问题、创新问题							5%				
自评反馈	能严肃、认真地对待自评，并能独立完成自测试题							10%				
自评等级												
简要评述												

等级评定：A：好　　B：较好　　C：一般　　D：有待提高

四、教师对展示的作品分别作评价

活动过程教师评价表见表 4.20。

表 4.20　活动过程教师评价表（教师填写）

班级		组别	姓名	学号	权重	评价
知识策略	知识吸收	能设法记住要学习的东西			3%	
		使用多样性手段，通过网络、技术手册等收集到较多有效信息			3%	
	知识构建	自觉寻求不同工作任务之间的内在联系			3%	
	知识应用	将学习到的东西应用到解决实际问题中			3%	
工作策略	兴趣取向	对课程本身感兴趣，熟悉自己的工作岗位，认同工作价值			3%	
	成就取向	学习的目的是获得高水平的成绩			3%	
	批判性思考	谈到或听到一个推论或结论时，会考虑到其他可能的答案			3%	
管理策略	自我管理	若不能很好地理解学习内容，则会设法找到该任务相关的其他资讯			3%	
	过程管理	正确回答材料和教师提出的问题			3%	
		能根据提供的材料、工作页和教师指导进行有效学习			3%	
		针对工作任务，能反复查找资料、反复研讨，编制有效的工作计划			3%	
		在工作过程中留有研讨记录			3%	
		团队合作中主动承担并完成任务			3%	
	时间管理	有效组织学习时间和按时按质完成工作任务			3%	
	结果管理	在学习过程中有满足、成功与喜悦等体验，对后续学习更有信心			3%	
		根据研讨内容，对讨论知识、步骤、方法进行合理的修改和应用			3%	
		课后能积极有效地进行自我反思，总结学习的长、短之处			3%	
		规范撰写工作小结，能进行经验交流与工作反馈			3%	
过程状态	交往状态	与教师、同学之间交流语言得体，彬彬有礼			3%	
		与教师、同学之间保持多向、丰富、适宜的信息交流和合作			3%	
	思维状态	能用自己的语言有条理地去解释、表述所学知识			3%	
		善于多角度思考问题，能主动提出有价值的问题			3%	
	情绪状态	能自我调控好学习情绪，并能随着教学进程或解决问题的全过程而产生不同的情绪变化			3%	
	生成状态	能总结当堂学习所得或提出深层次的问题			3%	
	组内合作过程	分工及任务目标明确，并能积极组织或参与小组工作			3%	
		积极参与小组讨论并能充分表达自己的思想或意见			3%	
	组际总结过程	能采取多种形式展示本小组的工作成果，并进行交流反馈			3%	
		对其他组学生所提出的疑问能做出积极有效的解释			3%	
		认真听取其他组的汇报发言，并能大胆地质疑或提出不同意见或建议			3%	
	工作总结	规范撰写工作总结			3%	
自评	综合评价	按照"活动过程评价自评表"，严肃认真地对待自评			5%	
互评	综合评价	按照"活动过程评价互评表"，严肃认真地对待互评			5%	
总评等级						
建议						

评定人：（签名）　　　　　年　　　月　　　日

等级评定：A：好　　　B：较好　　　C：一般　　　D：有待提高

附 件

 实训室管理制度

（1）实训（实验）室的规划、布置、装修应做到：安全、实用、清洁、美观，凡各类设备仪器、工量器具均应按总务处规定建账、建卡入册；凡购运、调拨、报废均应办理手续，做到账、物相符，季度审核，年审清点。

（2）凡实训（实验）设备、仪器、工量器具，未经允许不得随意乱动或拿出室外；凡室内各种电路、线路未经允许不得乱拉乱接；凡消防设备不得随意搬动，改作他用。杜绝各类人身设备事故。

（3）凡学生进行实训（实验）均应遵守实训（实验）的各项管理制度。

（4）凡使用的教学设备、教具、仪器、仪表等，除下课时进行清理外，实习教师、管理人员应及时调整还原至起始备用状态，保证教学设备的完好率和后续课程的进行。

（5）凡实训（实验）教学时，学生不听从指导而损坏教学设备、教具，均应按损坏公物赔偿管理办法执行。如盗窃教学设备、教具、材料时，均应追回被盗原物，并依据《学生管理条例》进行处理。

（6）凡进入实训（实验）场进行教学时，教师、学生应佩戴胸卡，严格执行设备维修保养、工具管理和安全操作规程，定期召开安全会议，做好记录，发现问题及时纠正。

附件二 砂轮机安全操作规程

（1）使用者必须遵守《金属切削加工安全技术操作通则》。

（2）使用者必须熟知砂轮机构造、性能及维护保养知识。

（3）根据砂轮使用的说明书，选择与砂轮机主轴转数相符合的砂轮。新领的砂轮要有出厂合格证，或检查试验标志，安装前如发现砂轮的质量、硬度、粒度和外观有裂缝等缺陷，则不能使用。

（4）砂轮机必须安装牢固可靠，紧固螺丝不准松动或损坏。

（5）砂轮法兰盘必须大小一致，其直径不准小于砂轮直径的1/3，砂轮与甲板之间必须有柔性垫片。

（6）拧紧螺帽时，要用专用的扳手，不能拧得太紧，严禁用硬的东西锤敲，防止砂轮受击碎裂。

（7）砂轮装好后要装防护罩。

（8）新装砂轮启动时不要过急，先点动检查，经过 5~10 min 试转后才能使用，实习人员不得更换砂轮。

（9）砂轮开动后，空转 2~3 min 后方可使用。

（10）砂轮抖动、没有防护罩、托刀架磨损、装卡不牢固时不准使用。砂轮与托刀架距离必须小于 3 mm。

（11）磨工件或刀具时不准用力过大或撞击砂轮。

（12）在同一砂轮上禁止两人同时作业，也不得在砂轮侧面磨工件。

（13）磨削时，工作者不准站在砂轮正面，必须戴防护镜及防尘口罩，磨削时间较长的工件应及时进行冷却，防止烫手，禁止用棉纱等裹住工件进行磨削。

（14）经常修整砂轮表面的平衡度，保持良好的状态。

（15）砂轮磨削损耗到规定尺寸时要立即更换，否则禁止使用。

（16）检查、维护、调整间隙时必须停机操作。

（17）砂轮机必须配备良好的吸尘设备，安装位置便于操作，并必须有良好的照明装置，禁止在阴暗、狭小的操作环境下工作。

（18）公用砂轮机必须设置专人管理，所有砂轮不准潮湿。砂轮在使用前应进行检查，合格后方可使用。

（19）刃磨结束后应及时关闭砂轮机电源。

附件三　钻床安全操作规程

（1）工作前安全防护准备。

①按规定加注润滑脂。检查手柄位置，进行保护性运转。

②检查穿戴，扎紧袖口，女同学和长发男同学必须戴工作帽。

③严禁戴手套操作，以免被钻床旋转部分铰住，造成事故。

（2）安装钻头前需仔细检查钻套，钻套标准化锥面部分不能碰伤凸起，如有，应用油石修好、擦净，方可使用。拆卸时必须使用标准斜铁。装卸钻头要用夹头扳手，不得采用敲击的方法。

（3）未得到指导教师的许可，不得擅自开动钻床；钻孔时不可用手直接拉切屑，也不能用纱头或嘴吹清除切屑；头部不能与钻床旋转部分靠得太近；机床未停稳，不得转动变速盘变速；禁止用手把握未停稳的钻头或钻夹头；操作时只允许一人。

（4）钻孔时工件装夹应稳固，特别是在钻薄板零件、小工件、扩孔或钻大孔时，装夹更要牢固，严禁用手把持进行加工。孔即将被钻穿时，要减小压力与进给速度。

（5）钻孔时严禁在开车状态下装卸工件，利用机用平口钳夹持工件钻孔时，要扶稳平口钳，防止其掉落砸脚；钻小孔时，压力相应要小，以防钻头折断飞出伤人。

（6）清除铁屑要用毛刷等工具，不得用手直接清理。工作结束后要对机床进行日常保养，切断电源，做好场地卫生。

参 考 文 献

[1] 郭力. 钳工实训指导教程 [M]. 北京：机械工业出版社，2022.

[2] 汪哲能. 钳工工艺与技能训练 [M]. 北京：机械工业出版社，2023.

[3] 魏丽燕. 模具钳工 [M]. 北京：机械工业出版社，2022.

[4] 张利人. 钳工技能训练 [M]. 北京：人民邮电出版社，2022.

[5] 冯锦春，吴先文. 机电设备维修 [M]. 北京：机械工业出版社，2015.

[6] 许光驰. 机电设备安装与调试 [M]. 北京：航空航天大学出版社，2019.